卓越手绘

30天必会

景观手绘快速表现

To Master Landscape Hand-Drawing Fast Performance in 30 Days

快速表现（第2版）

杜健　吕律谱◎编著

U0278713

华中科技大学出版社
http://www.hustp.com
中国·武汉

杜健

卓越手绘教育机构创始人

卓越手绘教育机构主讲教师

生态保护展馆建筑手绘设计方案获2010年第五届
"WA·总统家杯"建筑手绘设计大赛 设计师组 一等奖

曾出版：《30天必会建筑手绘快速表现》《30天必会室内手绘快速表现》等系列书籍

《景观设计手绘与思维表达》《室内设计手绘与思维表达》等系列书籍

《建筑·城市规划草图大师之路》《景观草图大师之路》等系列书籍

《卓越手绘考研30天：建筑考研快题解析》《卓越手绘考研30天：环艺考研快题解析》等系列书籍

《建筑快题设计100例》《景观快题设计100例》等系列书籍

吕律谱

卓越设计教育创始人

卓越手绘课程研发总负责人

曾出版：《30天必会建筑手绘快速表现》

《30天必会室内手绘快速表现》等系列书籍

《景观设计手绘与思维表达》

《室内设计手绘与思维表达》等系列书籍

《建筑·城市规划草图大师之路》

《景观草图大师之路》等系列书籍

《卓越手绘考研30天：建筑考研快题解析》

《卓越手绘考研30天：环艺考研快题解析》等系列书籍

《建筑快题设计100例》

《景观快题设计100例》等系列书籍

序 言 Preface

古语有云："业精于勤，荒于嬉；行成于思，毁于随。"

任何惊人的技能，皆需勤奋方能练就。

苦练而不得其法，进步必然甚缓。名师出高徒，便是这个道理。

手绘，对于当今奋斗在设计前沿的设计师和学子而言，已经并不陌生。对于手绘的用法、用途及前景，多年来业内也是争论不休。有人说手绘是设计师不可或缺的技能，自然也有人认为手绘无用。

姑且不论孰是孰非，笔者认为，手绘的重要程度取决于个人的发展以及想达到的高度。如果只想成为设计领域的碌碌庸才，那只学会软件也并无不可。如果想追求设计的真谛，成为万人仰慕的大设计师，恐怕还是要有一定的手绘基础。

绘画风格的形成因人而异，笔者二人虽师出同门，但绘画风格却大相径庭。笔者先是启蒙于赵国斌老师，后师从沙沛老师学习技法，多年来，一直深受国内几位大师的作品的影响。笔者也深感幸运，能够跟随几位前辈学习，打下坚实的基础，并受益至今。

学画之法，在于"勤、观、思"。"勤"自是指勤奋苦练，"观"和"思"其实是分不开的，意思是要经常看名家作品，然后多加揣摩。如果看图只是走马观花，那最终只能空叹"画得真好"，自己却始终不能企及。笔者曾经也有感叹"画得真好"的时候，学画十余载，至今看到名家作品，仍有这种"画得真好"的感觉，但是比起当年，见识和技法已不可同日而语。笔者相信再练十年，技法会更加精进，也希望能够青出于蓝，不让前辈失望。

青出于蓝，是后辈学子的义务和责任。希望这本书能够为有志于"青出于蓝"的学子，效以微劳。饮水思源，前辈教导我们之时，一丝不苟，今我等传技于后人，自不敢藏私，唯恐不能将所学倾囊相授。

《30天必会景观手绘快速表现》等卓越手绘系列书籍，从2013年出版以来，帮助了很多手绘学子。如今重新编辑，笔者将书中的大部分作品进行了更新。随着时代发展、社会变化，手绘之于设计始终地位超然。笔者也在十余年的教学中，总结出了更多、更好、更实用的手绘学习经验。可以说这套书融入了卓越手绘十二年的教学精华，如果认真学习一定能有所收益。

杜健 吕律谱

2021年2月

目录 Contents

手绘基础

一、工具

铅笔：最好选用自动铅笔，铅芯要选择2B的铅芯，否则纸上会有划痕。

针管笔：通常选用一次性针管笔，管径大小选择0.1 mm或者0.2 mm即可。推荐使用设计家针管笔，出水流畅顺滑，耐用性好。切记不可选用水性笔、圆珠笔。

钢笔：可选择红环或者百乐的美工钢笔，适于绘制硬朗的线条。

草图笔：可选择派通的草图笔，粗细可控，非常适合画草图。

马克笔：推荐使用卓越手绘自主研发的设计家马克笔，所有颜色均根据作者十余年教学经验配制而成；双宽头，墨量大，是市场上性价比较高的一款马克笔。

彩色铅笔：初学者可以选用卓越手绘自主研发的设计家彩色铅笔，去除了大多数彩色铅笔的无用色，精选24色可以满足手绘需求。施德楼的60色彩色铅笔也非常不错。

▲ 自动铅笔

▲ 针管笔

▲ 钢笔

▲ 草图笔

▲ 马克笔

▲ 彩色铅笔

高光笔：可以选择设计家高光笔，覆盖力强。

修正液：可以选择日本三菱牌修正液。

▲ 高光笔

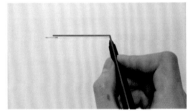

▲ 修正液

二、姿势

握笔的姿势通常需要注意三个要点：①笔尖尽量压向纸面，这样线条容易控制，也更易用力；②笔尖与绘制的线条要尽量成直角，但并非硬性要求，尽量做到即可，这也是为了更好地用力；③手腕不可以活动，要靠移动手臂来画线，画横线的时候运用手肘来移动，画竖线的时候运用肩部来移动，短竖线可以运用手指来移动。

三、线条

直线：直线是应用最多的表达方式。直线分快线和慢线两种。慢线比较容易掌握，但是缺少技术含量，已经逐渐退出快速表现的舞台。如果构图、透视、比例等关系处理得当，运用慢线也可以画出很好的效

果。国内有很多名家用慢线来画图。快线比慢线更具冲击感，画出来的图更加清晰、硬朗，富有生命力和灵动性。缺点是较难把握，需要大量的练习和不懈的努力才能练好。

由于运笔的方式不同，竖线通常比横线难画。为了确保竖线较直，较长的竖线可以选择分段式处理，第一段竖线可以参照图纸的边缘进行绘制，以确保整条线处于竖直状态。注意：分段的地方一定要留空隙，不可以将线连在一起。竖线也可以适当采用慢线的形式或者抖动来画。

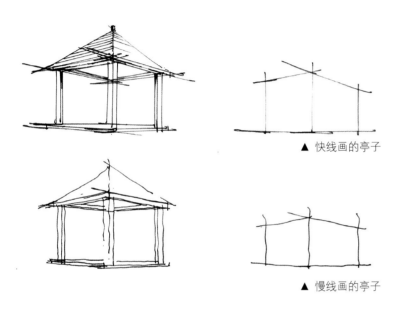

▲ 快线画的亭子

▲ 慢线画的亭子

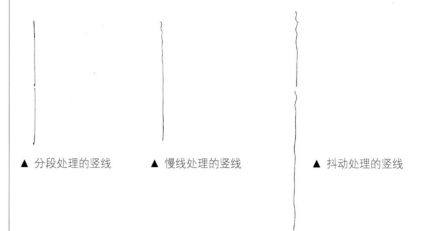

▲ 分段处理的竖线　　　▲ 慢线处理的竖线　　　▲ 抖动处理的竖线

画快线的时候，要有起笔和收笔。起笔的时候，把力量积攒起来，同时在运笔之前想好线条的角度和长度。当线画出去的时候，应如箭离弦，果断、有力地击向目标，最后的收笔，就相当于这个目标。在收笔时也可以把线"甩"出去，这属于比较高级的技法，学习到一定程度后可自行掌握。注意，起笔速度可快可慢，根据每个人的习惯而定。

直线起笔的位置：直线起笔的位置要尽量在另一条线上或者两条线的交点上。错误的起笔方式和正确的起笔方式如下图所示。

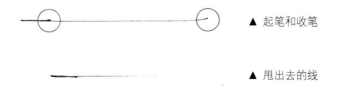

▲ 起笔和收笔

▲ 甩出去的线

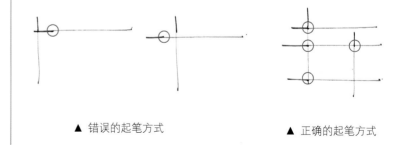

▲ 错误的起笔方式　　　　　　▲ 正确的起笔方式

曲线： 应根据画面的具体情况来选择画曲线的方式。但在绘制初稿、中稿时可以采用快线的方式；在绘制较细致的图时，为了避免画歪、画斜而影响画面整体效果，则最好采用慢线的方式。

乱线： 乱线一般在塑造植物、表面纹理时用到。

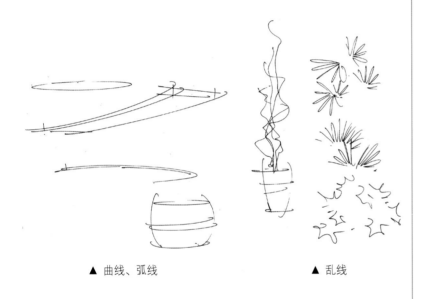

▲ 曲线、弧线　　　　　▲ 乱线

四、透视

透视： 透视是绘图的重要部分。手绘表现是为了表达设计师最直观、最纯粹的设计想法。对于快速表现来说，透视不需要非常准确。因为无论透视（包括尺规画图）有多准确，也不可能比电脑软件更准确。那么，透视是不是随便练一下就行了呢？答案是绝对不行。这里所说的透视不需要非常准确，是担心有些同学过于纠结透视的准确性，而忽略了对手绘更重要的感觉。但是，透视绝对不能错。如果一张图的透视出错，那么无论线条多么美丽，色彩多么绚丽，都是一幅失败的作品。如果说线条是一张画的皮肤，色彩是一张画的衣服，那么透视就是这张画的骨骼。

透视三大要素： 近大远小、近明远暗、近实远虚。

绘制线稿，主要是运用近大远小这个要素。

一点透视： 又叫平行透视。一点透视的特点是简单、规整，表达画面更全面。

在画一点透视图时，须记住一点，那就是一点透视的所有横线应水平，竖线应竖直。所有透视的斜线相交于一个灭点。方体的两根竖线一样长，但是在透视图中，离观察者较近的一根很长，离观察者较远的一根很短。同理，其他的竖线也都一样长，只不过它们在透视图中会越来越短，最后消失于一个点。这个点叫作灭点，又叫作消失点。正是因为近大远小的透视关系，人们才能够在一张二维的纸面上塑造三维的空间和物体。

练习时应注意三点：第一是线条，要按照前面所讲的画线方法去画，画不好没关系，多练习肯定能画好；第二是透视，只要严格瞄准消失点绘制，就不会出错；第三是形体比例，在练习方体透视时，可以将一点透视练习图中的16个方体尽可能地整齐排列，从而提高对形体的掌握能力。

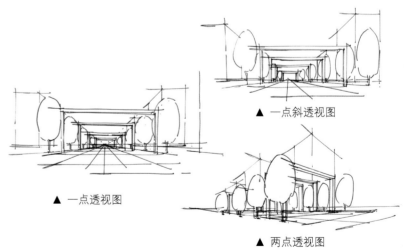

▲ 一点斜透视图

▲ 一点透视图

▲ 两点透视图

两点透视：两点透视是常用的透视方法，较为符合人们看物体的正常视角，因此用其绘制的作品让人感觉很舒服。两点透视的难度远远大于一点透视，因此容易出错。

想要画好两点透视图，一定不能急躁，应慢慢去瞄准每条线的消失点。如果画出来的方体透视都有问题，那么练习再多也没有意义。

注意，两点透视的两个消失点一定是在同一条视平线上。

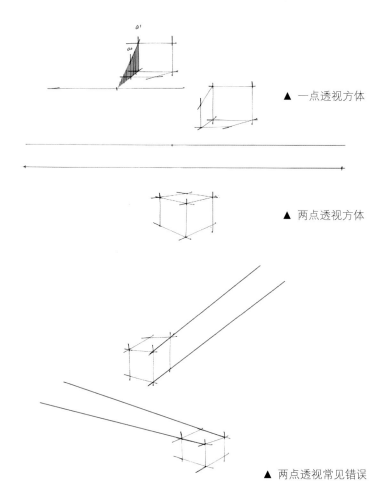

▲ 一点透视方体

▲ 两点透视方体

▲ 两点透视常见错误

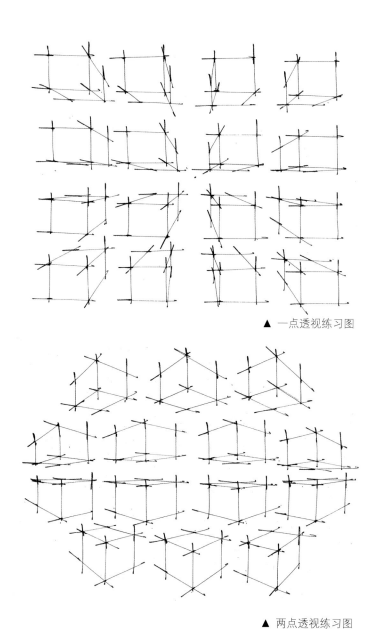

▲ 一点透视练习图

▲ 两点透视练习图

三点透视：三点透视是在两点透视的基础之上演变而来的，俯视或仰视时会出现三点透视，竖直线向下消失于第三个透视点。

三点透视图又称鸟瞰图。

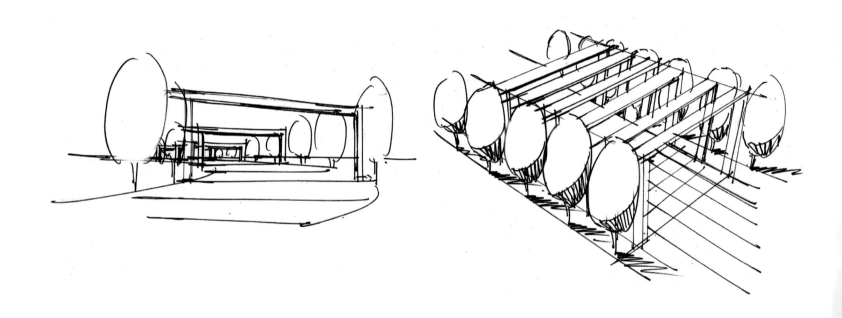

▲ 鸟瞰图

单体画法

一、植物的单体画法

植物形态复杂，我们不可能把所有树叶和枝干都非常写实地刻画出来。在塑造时要学会概括，用抖线的方法把树叶的外形画出来。注意：植物的形态是非常自然的，不要塑造得过于僵硬。

进行基础植物练习的时候，可以把所有的植物都看作一个球体，以便于理解植物的基本体块关系。

乔木：树冠的抖线练习非常重要，多加练习才能绘制出自然、生动的植物效果。

重点：在练习抖线时应注意抖线的流畅性以及植物形态的变化，不宜抖得太慢，太慢会比较死板。

树干：处理枝干时应注意线条不要太直，要用比较流畅、自然的线条，也应注意枝干分枝处的处理，要处理出分枝处的鼓点。

▲ 植物的单体画法（一）

▲ 植物的单体画法（二）

灌木：灌木与乔木的画法基本相同，但抖线应适当软化。灌木以小叶片为主，处理灌木时要注意灌木的形态，要将植物处理得更加茂盛和饱满。绿篱和花带的画法基本一致，应注意画出高度，与地面草地加以区分。

重点：叶片抖线形式应尽量圆润饱满，注意枝干与树冠之间的衔接，暗部与灰部的过渡，不要绘制得过于杂乱，应保证整体的姿态饱满。

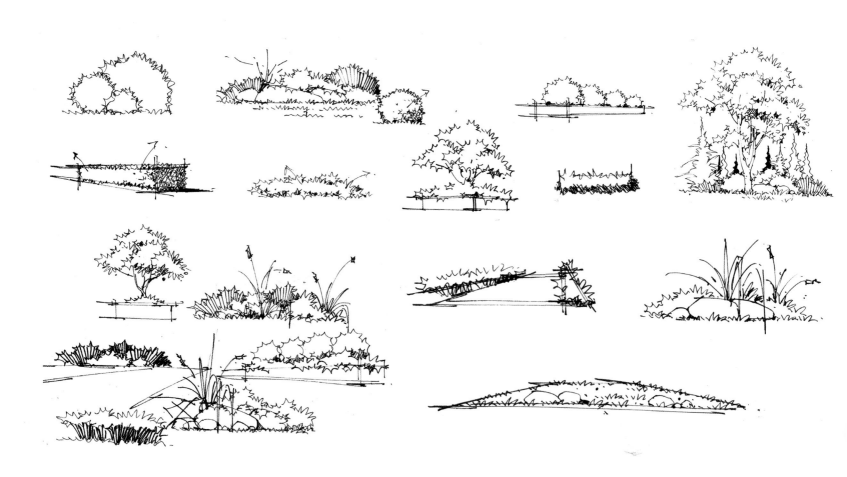

▲ 植物的单体画法（三）

椰子树：椰子树是园林效果图中常见的一种热带植物，因形式感强烈而作为主景区的植物之一。椰子树的形态以及叶片、树干都比较特别，应把植物张扬的形态处理好。同时，应注意叶片从根部到尖部、由大到小的渐变处理，以及叶片与叶脉之间的距离与流畅性。树干的处理以横向纹理为主，从上到下逐渐虚化。

重点：叶片要连续画成，由大到小，树干以顶部为暗部向下逐渐虚化。

棕榈树：棕榈树相对于椰子树而言比较复杂，要把多层次的叶片以及暗部分组处理，树冠左右要协调。

▲ 植物的单体画法（四）

二、石头的单体画法

绘制石头时要注意表现出石头的质感、硬度和体块感，同时还要注意对石头转折部位的处理。石头的硬度不能通过尖角来表现，而应通过线条的力度和线条组织出的结构形态来体现。阴影部位的处理可以更好地体现出石头的空间感。画石头时一定要注意暗部的虚实关系和阴影关系。

重点：线条要穿插得自然流畅，富有节奏感。

▲ 石头的单体画法

三、水体的单体画法

水体：处理水体时要注意水体上方的物体形成的倒影及水体本身的波纹。

▲ 水休的单休画法

景墙、跌水、喷泉：在园林效果图中经常绘制景墙、跌水、喷泉类景观，这类元素形体简单，容易出效果。跌水和上述水体处理方法相同，跌水可以利用扫线处理出水向下流的速度感，注意周边溅起的水花的表现。处理景墙时应注意透视和材质的表现。处理喷泉时主要是表现喷泉向上喷的力度与水柱向下落时产生的自然的水滴效果。

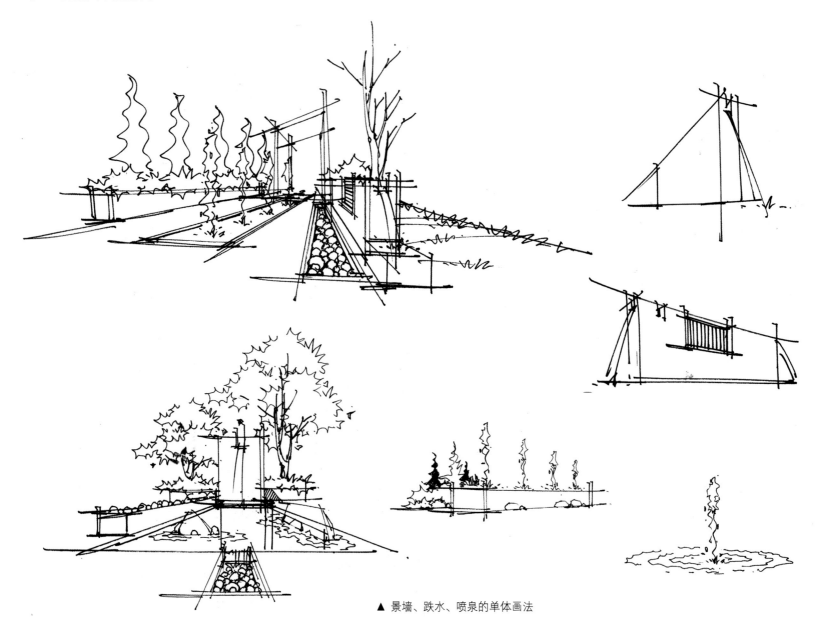

▲ 景墙、跌水、喷泉的单体画法

四、复杂植物的单体画法

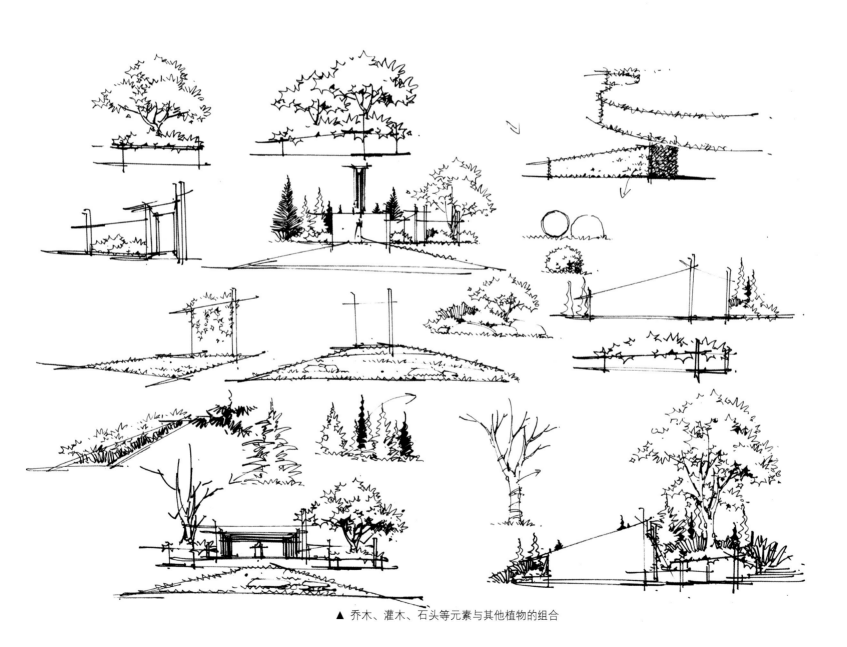

▲ 乔木、灌木、石头等元素与其他植物的组合

▲ 植物在园林景观中与周边环境搭配

马克笔单体上色的方法

一、马克笔上色技法

马克笔是手绘表现最主流的上色工具。它的特点是色彩干净、明快，对比效果突出，绘图时间短，易于练习和掌握。马克笔上色时，不必追求柔和的过渡，也不必追求所谓的"高级灰"，而是用已有的色彩，快速地表达出设计意图即可。

马克笔上色讲究快、准、稳三个要点。这与画线条的要点相似，不同的是马克笔上色不需要起笔、运笔，只需要在想好之后直接画出来，从落笔到抬笔，不能有丝毫的犹豫和停顿。

马克笔具有叠加性，即便是同一支笔，在叠加后也能出现两三种颜色，但是叠加的次数通常不会超过2次。在同一个地方，尽量不要用同一支马克笔叠加3层颜色，否则画面会很腻、很脏。叠加4次是极限。

马克笔的品牌有很多，笔者推荐使用卓越手绘自主研发的设计家马克笔。马克笔最重要的特点是，颜色的透明度很高，不同色系的马克笔几乎不能够叠加使用。一支马克笔一种颜色，颜色的适用程度是选择马克笔所要考虑的重要因素。设计家马克笔的颜色全部根据笔者十余年的手绘教学经验配制而成。全套100色几乎可以满足所有设计师的手绘需求。

马克笔初级技法

平移： 这是最常用的马克笔技法。下笔的时候，要把笔头完全压在纸面上，快速、果断地画出线条。抬笔的时候也不要犹豫，不要长时间停留在纸面上，否则纸面上会出现积墨。

线： 跟用针管笔画线的感觉相似，不需要起笔，线条要细。在用马克笔画线的时候，一定要很细，可以用宽笔头的笔尖来画（马克笔的细笔头基本没用）。马克笔的线一般用于过渡，每层颜色过渡用的线不要多，一两根即可。多了就会显得很乱，过犹不及。

点： 马克笔的点主要用来处理一些特殊的物体，如植物、草地等；也可以用于过渡（与线的作用相同），活跃画面气氛。在画点的时候，注意将笔头完全贴于纸面。

马克笔高级技法

扫笔： 扫笔是指在运笔的同时，快速地抬起笔，使笔触留下一条"尾巴"，多用于处理画面边缘或需要柔和过渡的地方。扫笔技法适用于浅颜色，重色扫笔时尾部很难衔接。

斜推： 斜推的技法用于处理菱形的部位，可以通过调整笔头的斜度处理不同的宽度和斜度。

蹭笔： 蹭笔指用马克笔快速地来回蹭出一个面。这样画的部位质感过渡更柔和、更干净。

加重： 一般用120号（黑色）马克笔来加重。加重的主要作用是增加画面层次，使形体更加清晰。加重的部位通常为阴影处、物体暗部、交界线暗部、倒影处、特殊材质（玻璃、镜面等光滑材质）。需要注意的是，加黑色的时候要慎重，有时候要少量加，否则会使画面色彩太重且无法修改。

提白： 提白工具有修正液和高光笔两种。修正液用于较大面积提白，高光笔用于细节部位的精准提白。提白的位置一般在受光最多、最亮的部位，如光滑材质、水体、灯光、明暗交界线的亮部结构处。如果画面很闷，可以在合适的部位使用提白技法。但是提白技法不要使用太多，否则画面会看起来很脏。注意，使用高光笔提白要在使用彩色铅笔上色之前，修正液则不用。用修正液的时候，尽量使其饱满一些。

设计家马克笔全色系色卡

初级技法

高级技法

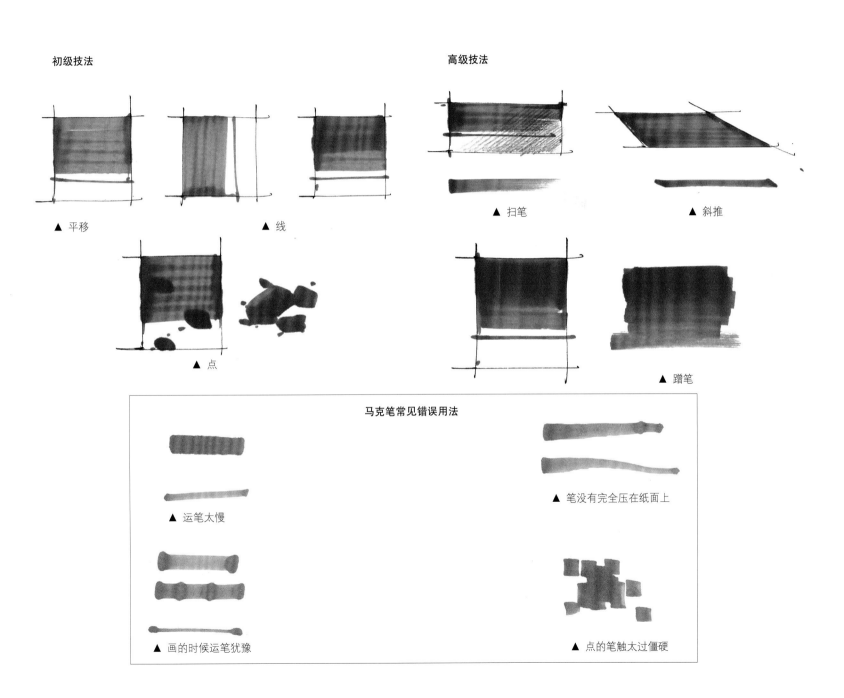

▲ 平移

▲ 线

▲ 扫笔

▲ 斜推

▲ 点

▲ 蹭笔

马克笔常见错误用法

▲ 运笔太慢

▲ 笔没有完全压在纸面上

▲ 画的时候运笔犹豫

▲ 点的笔触太过僵硬

二、单体上色

学习马克笔的基本技法后，即可从最简单的植物单体开始进行上色练习。

基础植物上色：用简单的绿色来塑造，分别用G1、G3、G5、G6四个颜色来画。第一层GY1或G1用得最多。大面积平铺就可以，注意笔触的速度。第二层G3就要讲究一些笔触的用法了。重颜色G6要慎重使用，马克笔的精髓在于重颜色的用法。重颜色并不可怕，但是不要太大面积使用。只要掌握好用法与用量，重颜色就是整个画面出效果的地方。上色时要注意点的虚实变化。

灌木上色： 要注意灌木体积形态的表现。不同的植物有不同的底色，但一些基本植物可以用GY1或G1。与乔木一样，第二层用G3来处理灰部，最后用G6来处理暗部和阴影。注意植物暗部与亮部的结合。点的笔触非常重要，合理地利用点的笔触，画面的效果会显得非常自然、生动。

热带植物上色： 热带植物上色与上述植物单体上色不同，从浅入深都要依据结构来处理，不仅要结合叶片的形态来完成笔触的塑造，还要注意后方叶片的冷色，注意近暖远寒的色彩关系。

石头上色：石头上色不宜太复杂，主要用冷灰色或暖灰色按照线稿的结构来处理出石头的色彩和明暗。根据石头种类的不同，处理过程中要注意冷暖色调的协调。

水体、跌水上色：水体上色要注意水纹及水面倒影的塑造，避免过多的笔触把水体画脏，应适当加一点环境色。跌水也是如此，要注意表现水向下流的速度感，可以使用一些扫笔的技法。

景墙上色：景墙通常用一些冷灰色（例如C3、C103）来塑造石材的坚硬质感，上2层或3层颜色。注意景墙石材纹理的刻画。暖色景墙的上色方法是一样的，只需把C3换成W3即可。注意明暗面的素描关系。

复杂植物单体、小品上色： 下图为一些复杂植物单体、小品及其与周边环境搭配的上色技法。

三、材质上色

材质是景观设计手绘中的点睛之处。同时材质的设计变化也可以给整体方案带来更多的可能性。

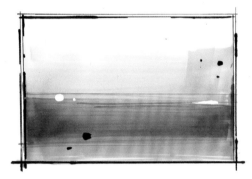

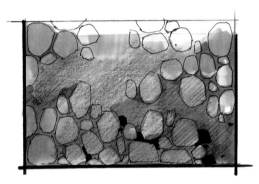

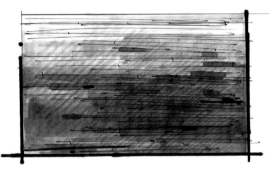

玻璃：玻璃既有反光感，又有通透感，是一种很难处理的材质。在表现玻璃材质时要结合周围的环境。单体玻璃上色的练习，用B102、C103等颜色即可。

毛石：毛石线稿的绘制很简单，不过要把每一块石块的大小、疏密关系处理好。上色时通常让石头空隙的颜色重一点，让石头的颜色亮一点。

青砖墙：相较于文化石，通常青砖墙的排列比较规整。但是在画的时候，也不要将每一个砖块都画出来，排列要有疏密感。上色用C系列即可。

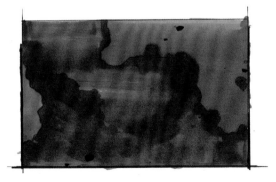

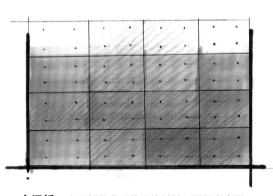

铁锈板：铁锈板属于较为特殊的材质，用于景墙、花池等需要造型的构筑物。铁锈板要用2种或3种颜色来画，通常使用R103、R105、R107这几种颜色来完成。

文化石：文化石是景墙常用的材质。文化石的表面凹凸不平，砖块大小不一，所以绘画时，要把砖块一块一块地画出来。上色多用浅黄色或者浅棕色。

水泥板：水泥板是常用的建筑材料，要画出水泥板亚光的质感，可以用彩铅辅助作画。

四、人物上色

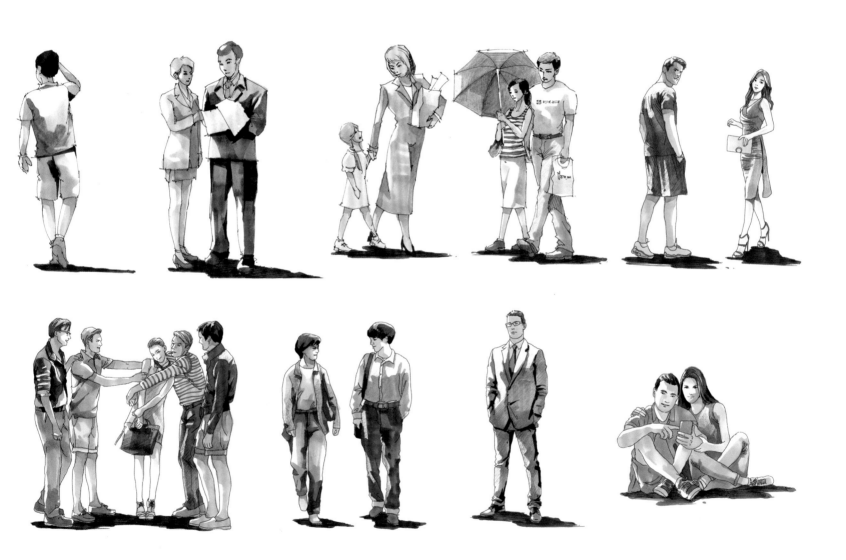

五、场景上色

场景由前面所学的单体组合而成。景观手绘作品很少会表现单独的物体，大部分情况都是描绘场景。

景观小场景

一点透视场景

一点透视场景是绘制景观手绘设计图时经常用到的，这是因为一点透视图更加简单、直观，且能够说明问题。画一点透视图时应注意所有的横线均为水平线。应将景观中的主体物放在视觉中心的位置，周围的植物要有远、中、近等层次感。

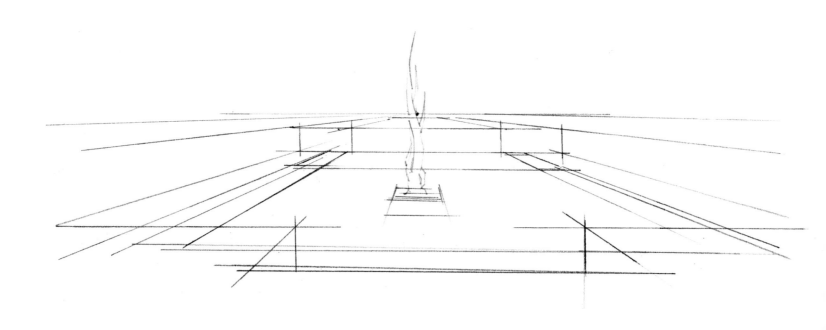

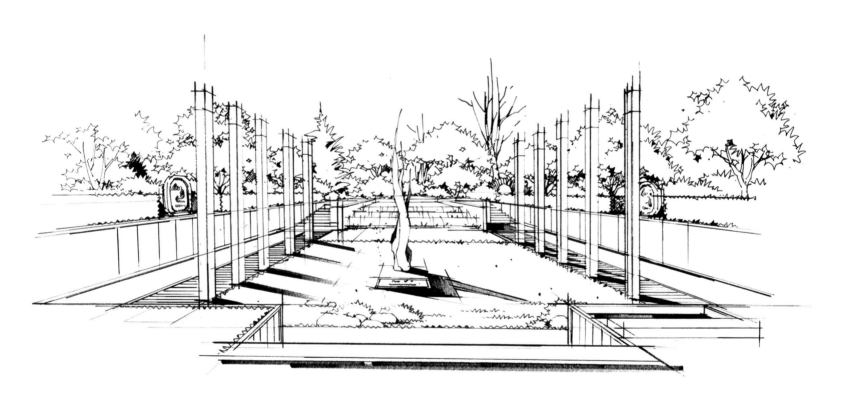

两点透视场景

相较于一点透视场景，两点透视场景更加接近人们正常观察空间的角度，所以两点透视的手绘设计图让人们觉得更加真实、生动，且富有活力。不过两点透视场景的绘制难度也较一点透视场景更大。

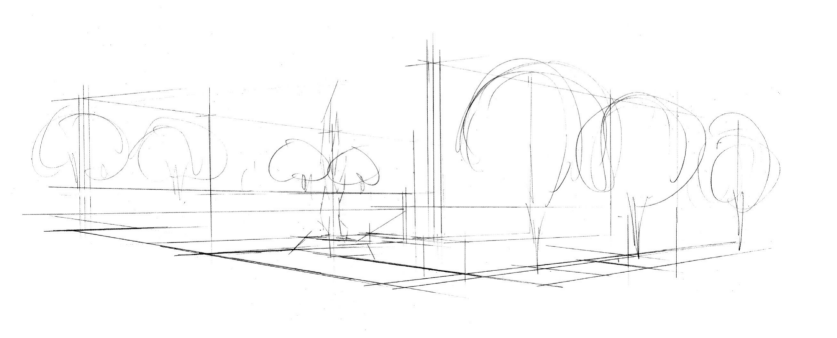

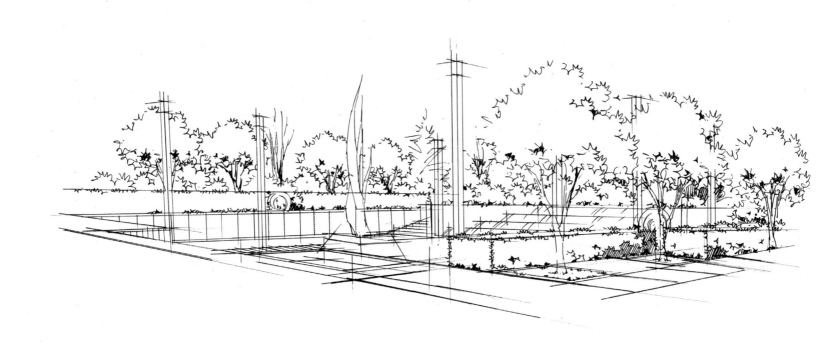

马克笔效果图上色详解

一、售楼处主体景观设计表达

1. 绘制效果图时，不仅要注意透视关系，还要注意远景植物的层次、比例关系。在定铅笔稿的时候，可以先确定画面中主要物体的透视关系，但是不要定得太死，毕竟手绘是一种感性的表现方式；再用明暗表现出植物的层次感，并且需要有作者个人的想法和感觉在里面。画图时，视点要尽量压低。

2. 画好线稿之后，开始整体铺色。应先确定主体景墙的颜色（EY102），再考虑周边植物的颜色。这张图选择G1、GY1作为植物的第一层颜色，深色部位用G3、G4上色。

3．进一步塑造。其他后方的植物可以适当用G104、G302等冷绿色铺色。亮部和边缘位置可以预留出来。画出物体的暗部，这一层要注意马克笔的笔触。如果笔触画不好会直接影响画面效果。植物的大面积笔触，一定要画得果断，放开手去画。远处植物的暗部要适当加重，以便于塑造空间层次感。

4. 细致刻画，增加一些画面的色彩，比如冷暖的对比、画面中心植物的细节处理、植物亮部的高光、主体建筑的提白。提白会让画面更为清晰明亮，提白的位置一般选择受光最多、最亮的地方以及光滑材质表面等。有些明暗交界线或者画面较沉闷的地方也可以适当加一点高光。但是，高光、提白不是万能的，不宜用太多，否则画面会看起来很脏。

二、滨水建筑群景观设计表达

1. 这是一张滨水建筑群的景观设计表现，水与建筑、植物的关系应为处理的重点。水中的倒影要似有若无地刻画。在绘制水中的荷叶、植物、建筑、远处的山体的线稿时就要把它们的远近关系处理好。

2. 铺色时，通常可以先从最确定的颜色开始。比如已经确定这张图的植物是以绿色为主，便可以从植物开始进行铺色。

3. 水体建议选用设计家B102、B3、B4等颜色的马克笔来上色。如果想表现出水体强烈的反光感，还需要加入一些绿色来表现环境色。不过在蓝色中加入绿色时需要谨慎，稍不留神就会让画面变得很脏。

4. 按照前期处理的方式将画面完善。马克笔上色后很难修改，所以着色时要放平心态，不要急躁。

5. 使用彩色铅笔、高光笔等对画面进行后期处理，让画面更加生动。这张图由于主体物比较丰富，所以天空采用简单的处理方法，只要略微渲染出氛围即可。

三、景园道路景观设计表达

1. 道路，是景观设计表达中很重要的一个环节，也是我们经常需要刻画的部分。这张图中前景的座椅、中景的植物、远景的建筑，都需要进行刻画。道路作为主体，反而是细节最少的部分。

2. 这张图需要表现出阳光照射在道路上的感觉，所以应表现道路和旁边草地的光感。确定整张图的光感之后，在后续的塑造上思路会更加清晰。

3. 刻画植物。这张图中的植物虽然是中景，但是它出现在画面的视觉中心，所以需要处理得非常精美。主体植物后面的植物丛应通过近实远虚的手法来表达。

4. 处理边缘植物时应与主体物有所区分，一般通过笔触和色彩两个方面进行表现。边缘植物的笔触更加简单，层次更少。色彩上可以用一些冷色，冷色会让边缘植物有后退感。

5. 最后用彩色铅笔、提白笔等来处理细节。

四、会所前庭景观设计表达

1. 这张图所体现的是会所前庭景观设计，建筑是画面的中心，但是并不是设计表现的主体。所以在这张图中，建筑成了整个画面的"背景"。这种情况在景观设计手绘表现中十分常见。这张图两边的乔木没有表现树叶，因为如果表现树叶，势必会遮挡建筑，也会将观众的视线吸引到植物上。

2. 同上一张图一样，先处理出光源的位置和光感。草地上的阴影与留白，是处理光感的重要手法。

3. 前方的花车，需要处理得很细致。虽然它并非设计重点，但是作为画面的前景，它很容易吸引观众的目光。后方植物用一些偏冷、偏深的绿色（如设计家G305、G7等颜色）来处理。

4. 将背景植物、天空等处理完善，让画面更具有整体性。

五、小场景细致鸟瞰图绘制

1. 小场景的景观鸟瞰图，处理物体的细致程度与效果图相同，只不过角度发生了变化。这张图的阴影处理是学习的重点。同时要注意的是，这张图中出现的水体均为规则式水体，要表现出干净、通透的感觉。

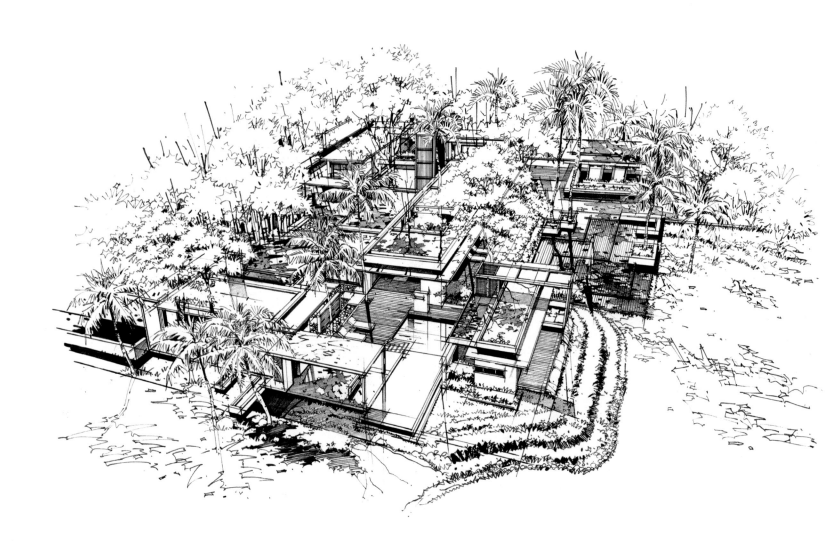

2. 上色时，要时刻注意光源与阴影。由于这张图的阴影面积过大，因此不应用黑色来处理阴影，应选择较深的灰色、绿色等颜色。阴影的颜色取决于地面物体的颜色。而水体的颜色和笔触都很简洁。

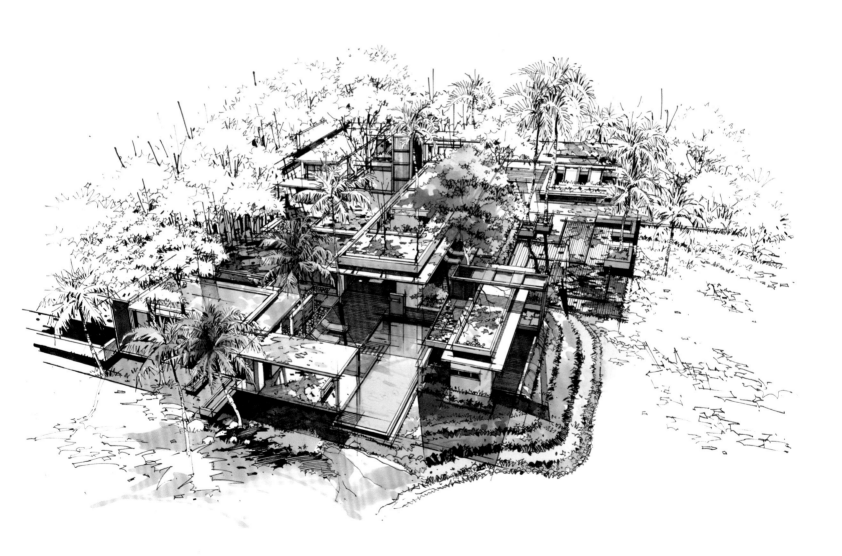

3. 大片的远景植物，应在虚化的同时又不失变化，同时进一步处理阴影。阴影的颜色选择设计家G7即可。远景植物中偏灰的绿色，可以选用设计家G104。

4. 左边的植物要通过颜色来区分它们的层次。在透视中可以用近明远暗、近实远虚、近暖远寒等几个要素来区分空间关系。

2013.1.4.

六、景观平面图画法详解

绘制景观平面图是设计中非常重要的一个环节。在这个环节中，基地的格局、布置乃至色调和风格，都能大概确定。画平面图时，要注意道路与各个功能区的关系，植物的分类，乔、灌、草的搭配，铺装的形式，以及构筑物和雕塑的位置等。平面图上，要按照指北针的方向在西北侧处理阴影。比地面高的物体都需要处理阴影，注意阴影的笔触要快速、自然。画面上的高低层次都要表现出来。一些植物可以不上色，有时候甚至只处理一些水体、草地的颜色即可。阴影画成黑色效果比较强烈。注意平面图是设计师与客户交流的第一平台，平面图色彩不宜过于单一，要用多种色彩丰富画面，使画面有一种温馨、自然的感觉。

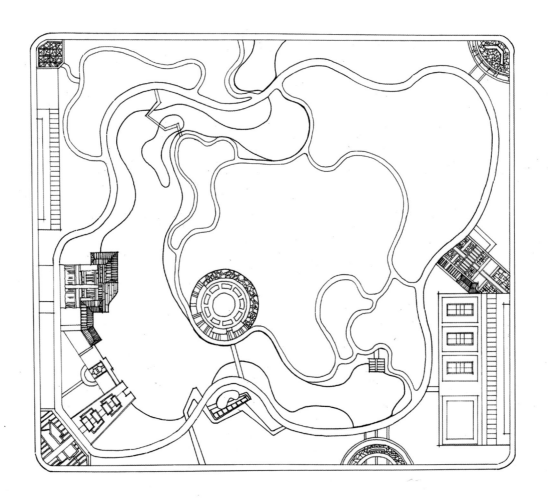

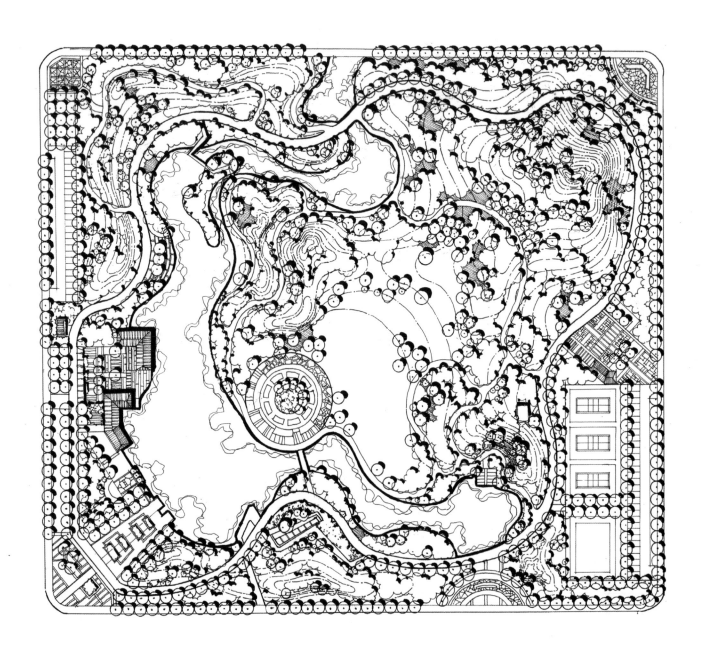

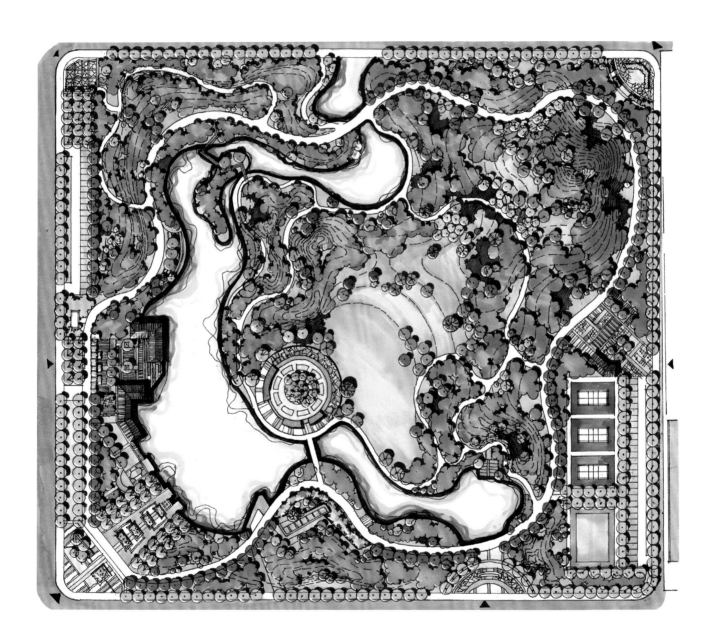

七、平面图转鸟瞰图绘制方法

平面图转鸟瞰图是一种非常实用的表达方法。它既有平面图的大局观，又有效果图的细节塑造，但同时绘制难度也较大。通常鸟瞰图分为两种：大场地和小场地鸟瞰图。小场地鸟瞰图之前我们练习过，会处理得比较细致。而大场地鸟瞰图则会以突显整体规划为主要目的。

1. 对画好的平面图进行如下图所示处理，使其具有鸟瞰图视角。这样的做法十分适合初学者理解鸟瞰图。

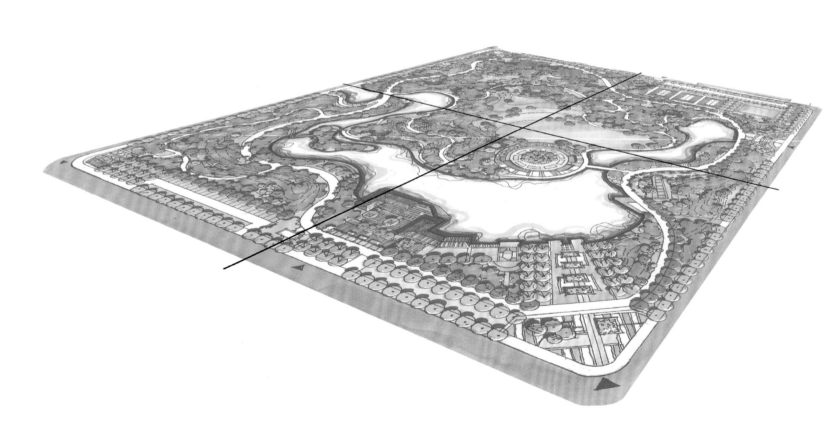

2. 根据具有鸟瞰图视角的平面图，将草稿订在纸上。

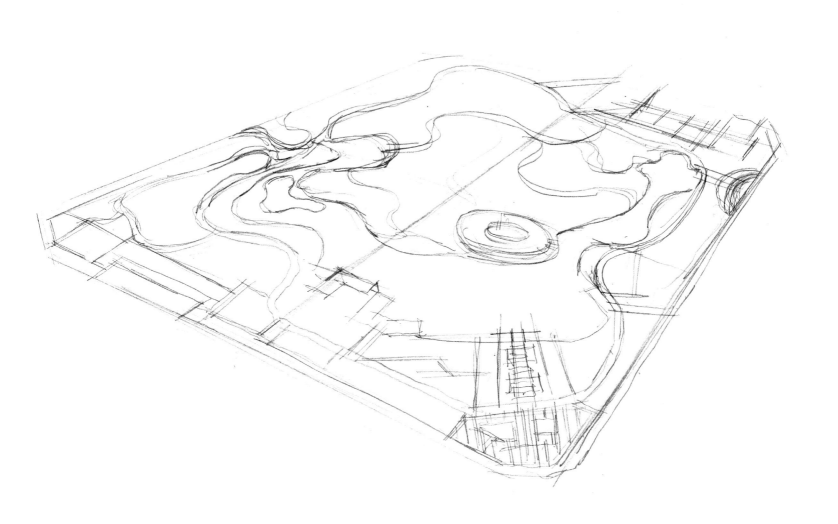

3. 大场地鸟瞰图中的植物跟平面图中的植物相似，直接用剪影的形式绘制即可。不过，鸟瞰图中阴影的绘制形式与平面图有较大差别，一般画在物体的
"脚下"。

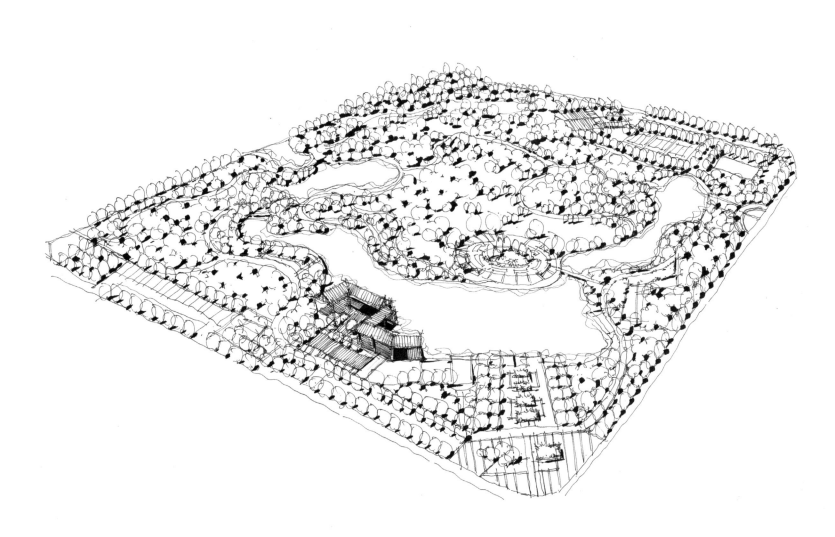

4. 鸟瞰图上色应从整体入手，可以先将非绿色的植物处理好。然后大量的植物、草地都用绿色来上色。可以将植物分组，比如行道树、植物组团、景观树等，同组的植物基本上用同样的颜色来处理。铺装的部分，不宜用太重的颜色，把阴影处理好即可。水体上色时，要考虑水体的面积，如果是小面积的水体，用蓝色满铺即可；如果是下图这种大面积的水体，只需要沿着河岸用蓝色马克笔画一些水纹即可。

八、其他鸟瞰图表现练习

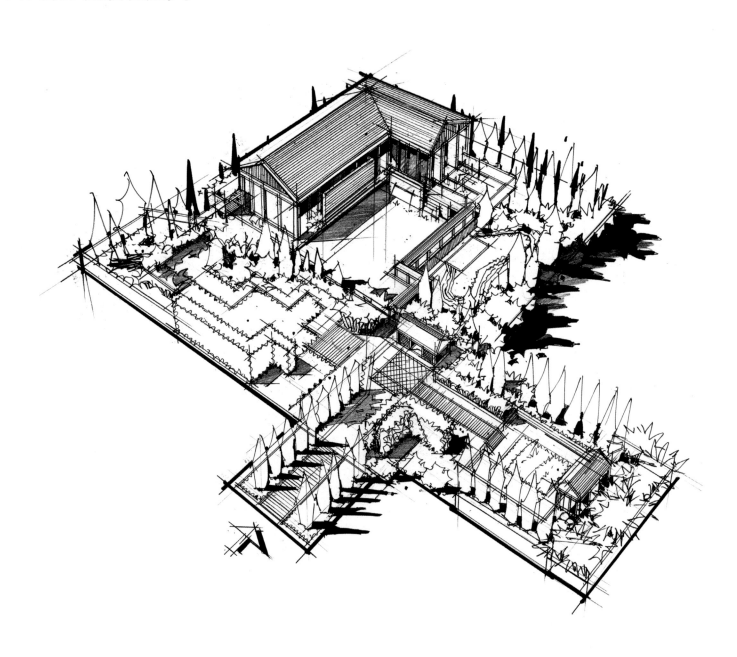

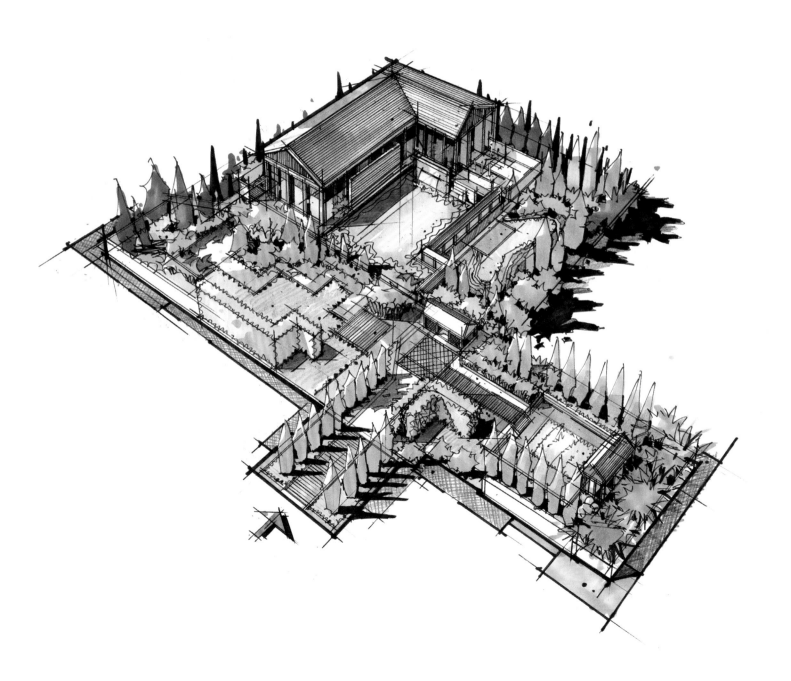

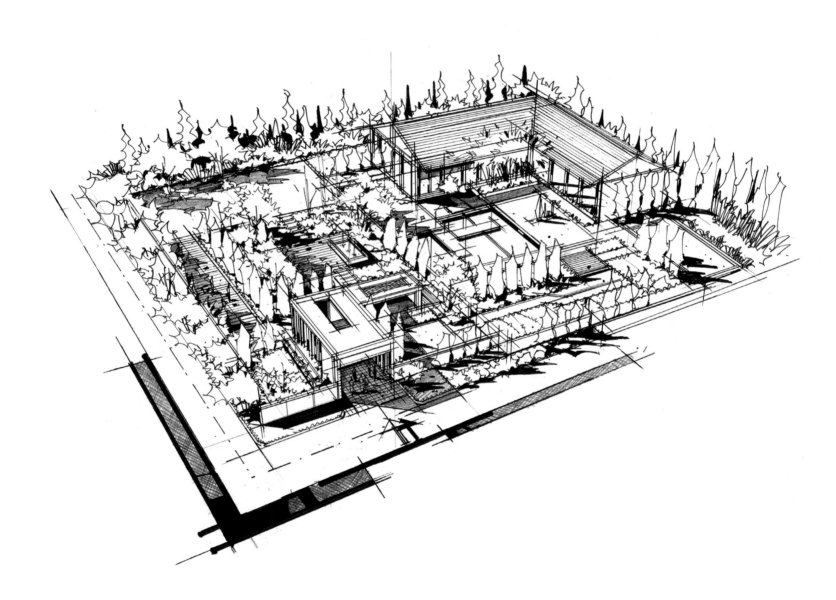

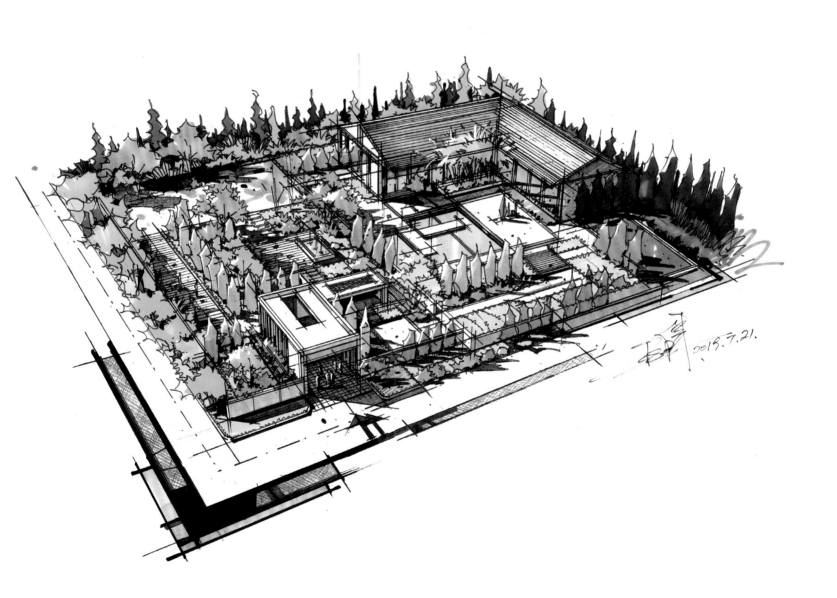

2015.7.21.

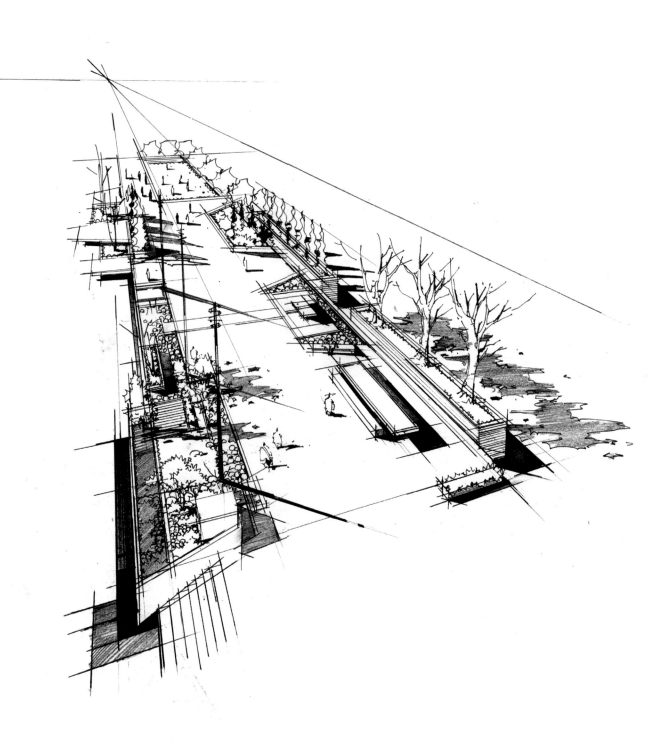

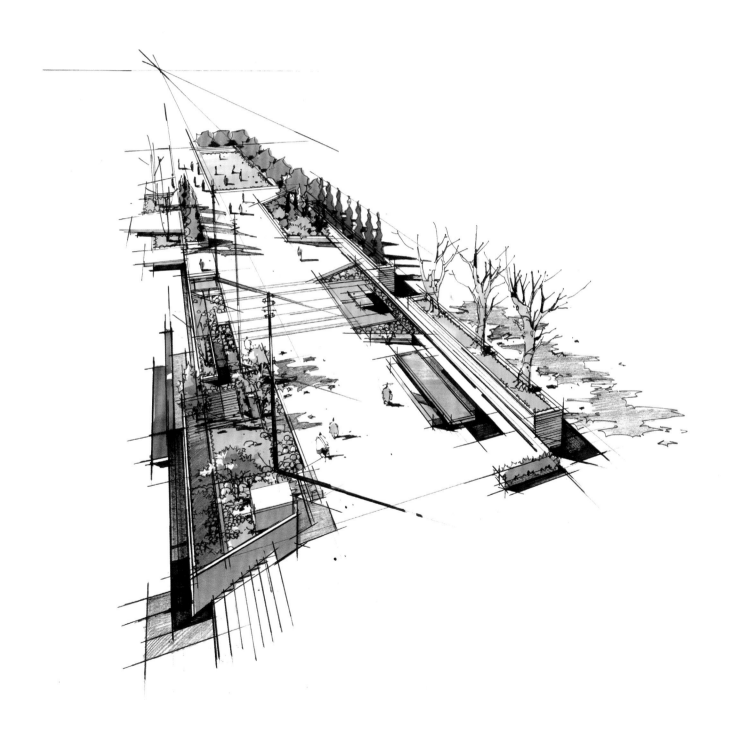

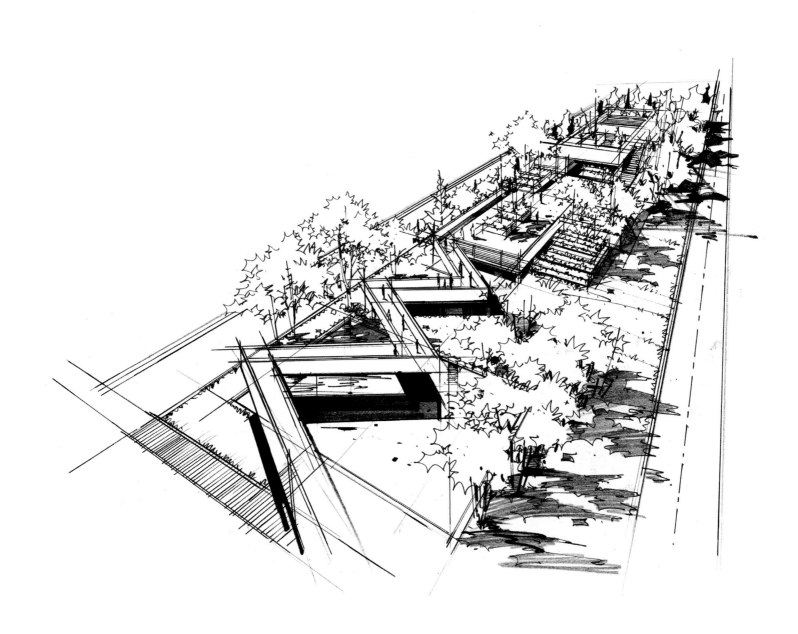

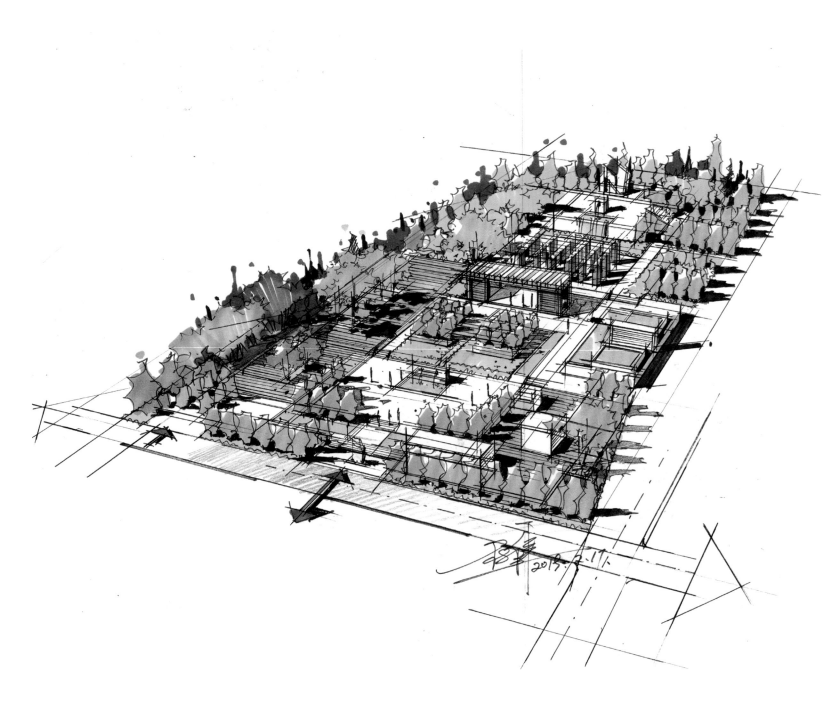

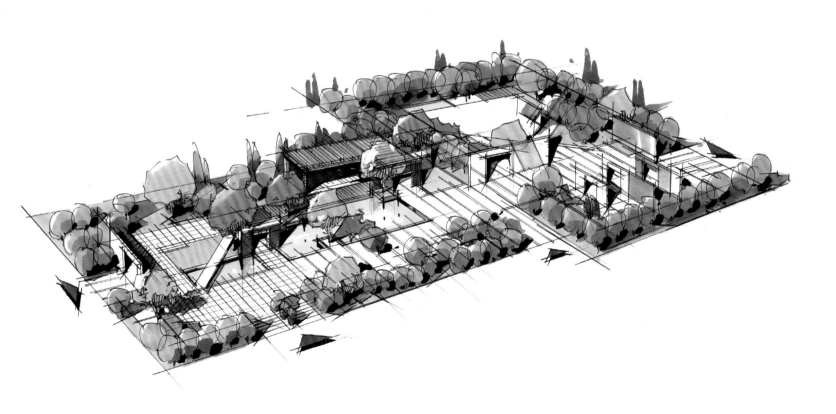

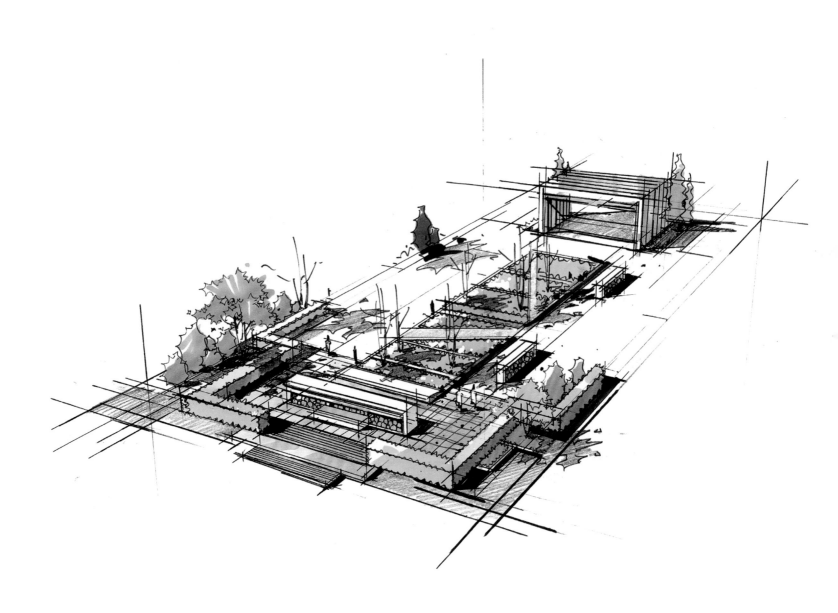

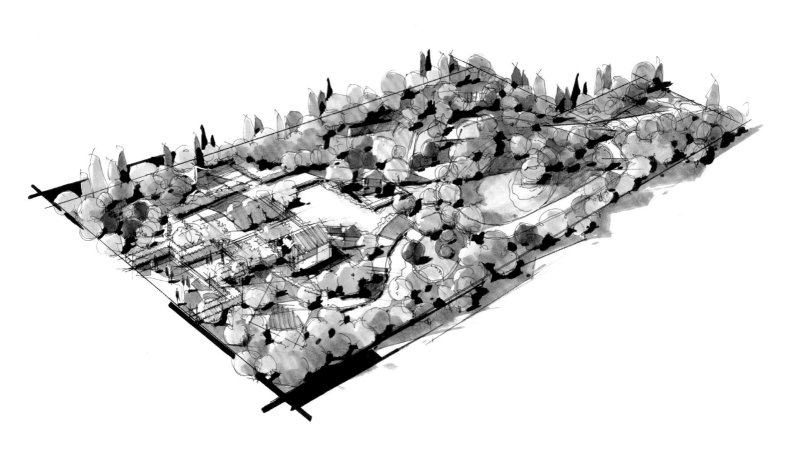

九、剖、立面图画法详解

剖、立面图是用来说明景观手绘作品中的设计结构的。剖、立面图的绘制难度并不大，只不过需要将植物处理得简洁且丰富。被剖切到的部分，结构要交代清楚。

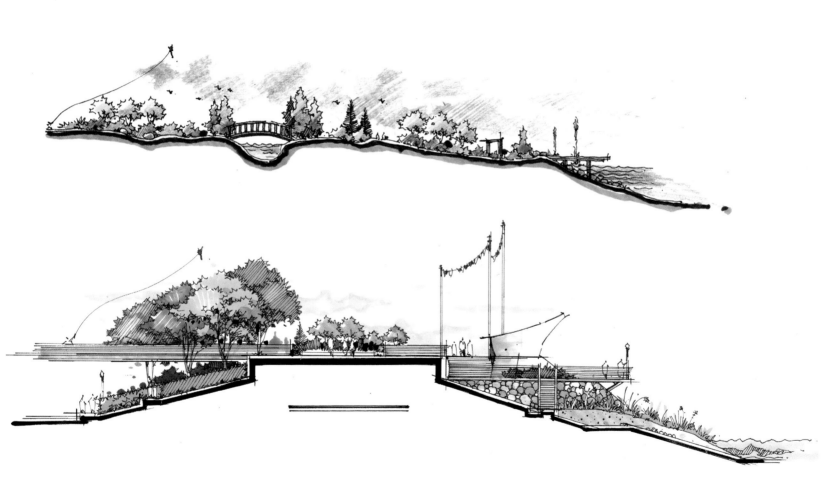

立面图是设计方案的重要组成部分，也是设计师的设计重点，更是体现设计师实力的重要方面。在画立面图的时候，要画出阴影关系来突出造型的起伏。注意立面高差与植物表达。 不同材质的表现方式以及比例尺度的控制需要勤加练习方能掌握。

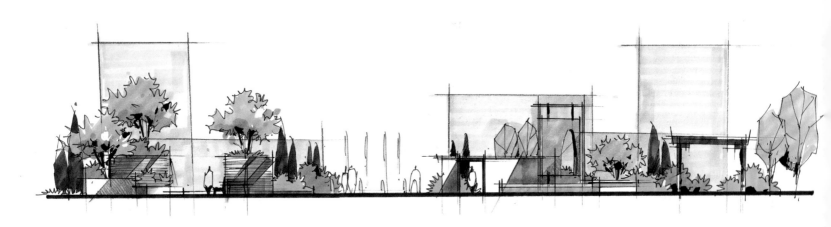

2016.8.7.

草图快速表现

草图是培养设计师直观设计感觉的有效方法，也是非常实用的表现形式。画草图的时候，不需要太注意细节。应先把握好总体的透视关系和色彩搭配关系，以及初步的材质设定、造型设定。再用轻松的线条及色彩来勾勒。草图的要点就是快速地表现出设计感觉。

2016.1.18

093

2018.7.25

2016.8.11.

2018.7.26.

2018.6.19.

2018.2.26.

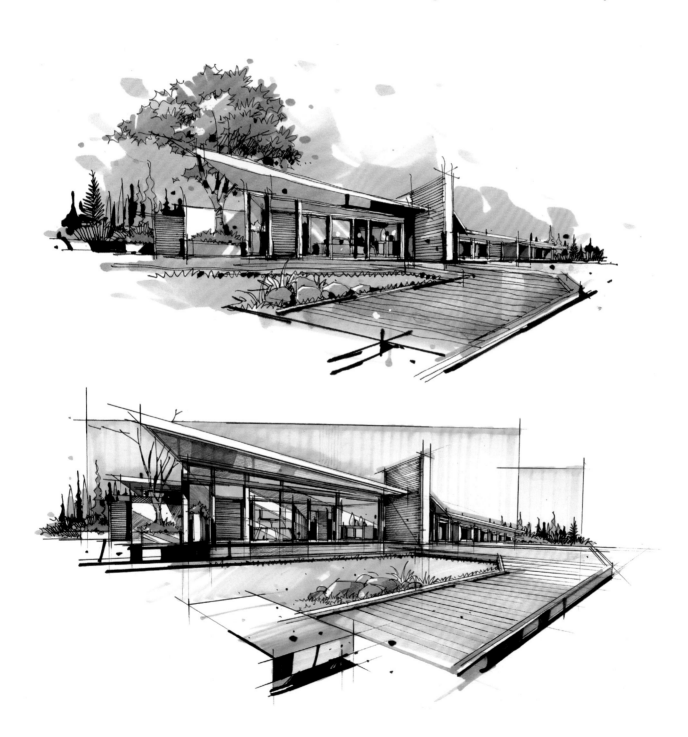

作品欣赏

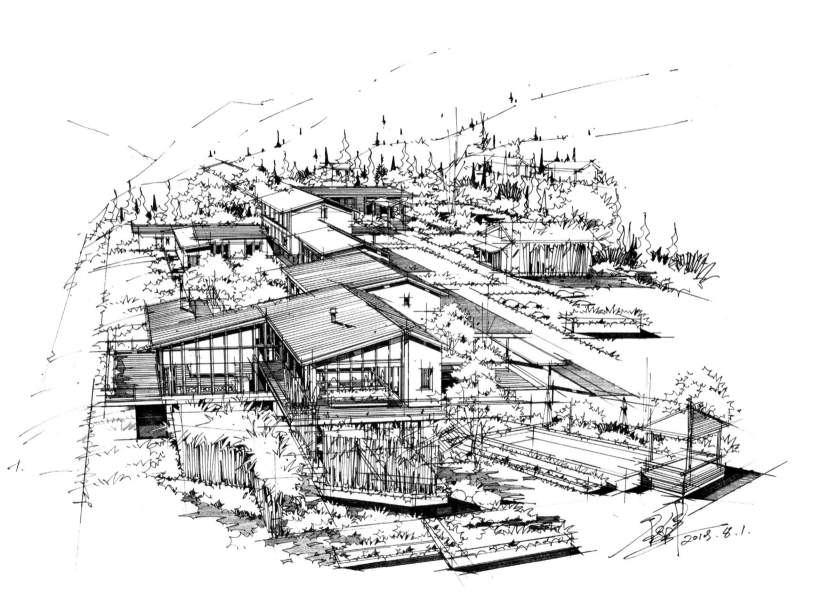

2016. 7. 31.

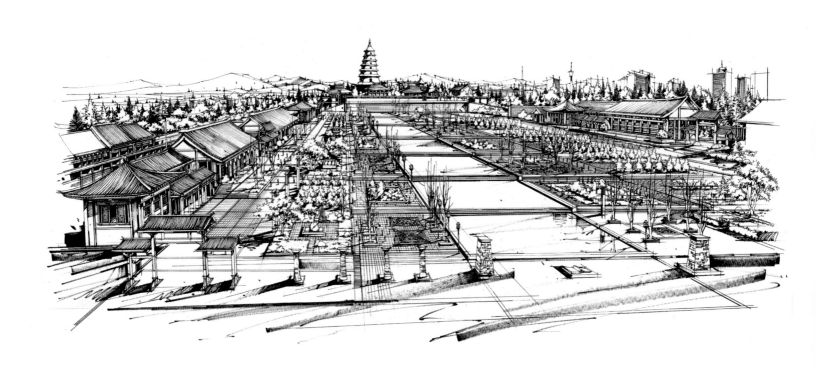

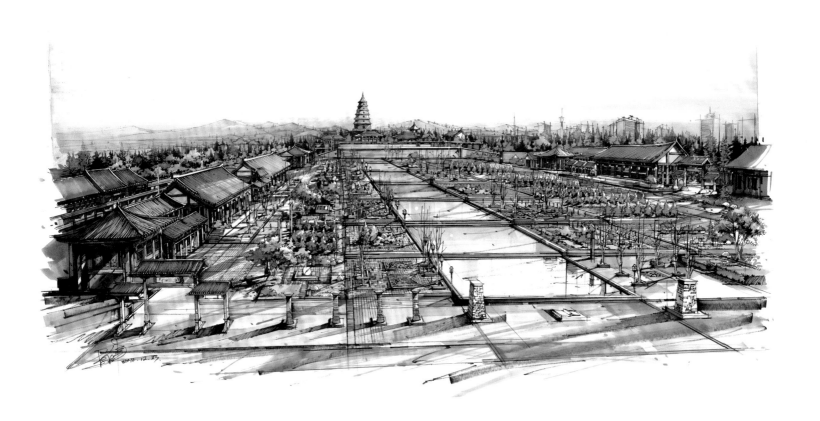

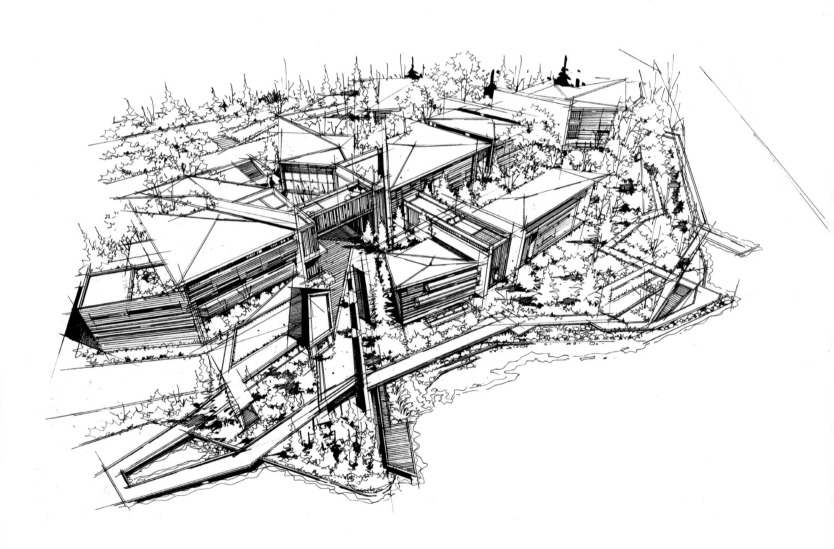

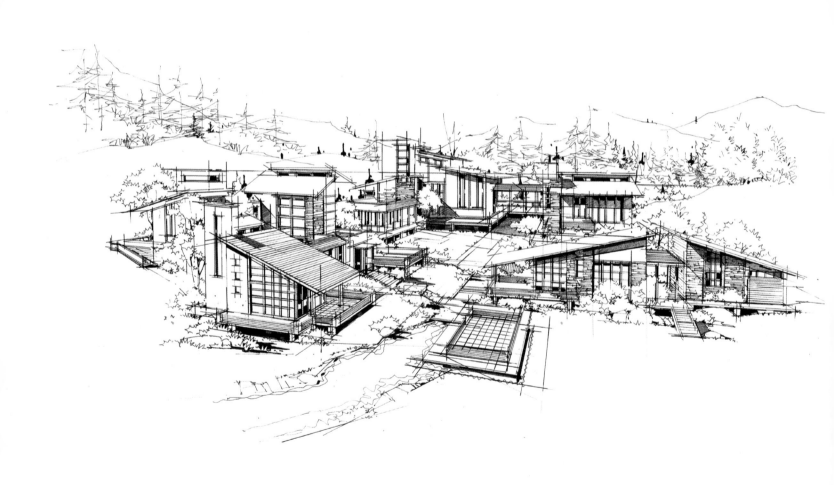

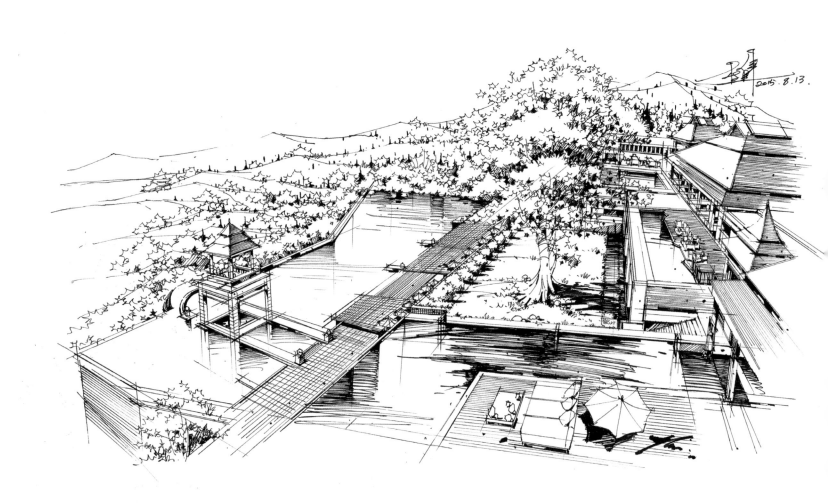

2015.8.13.

2016.1.23.

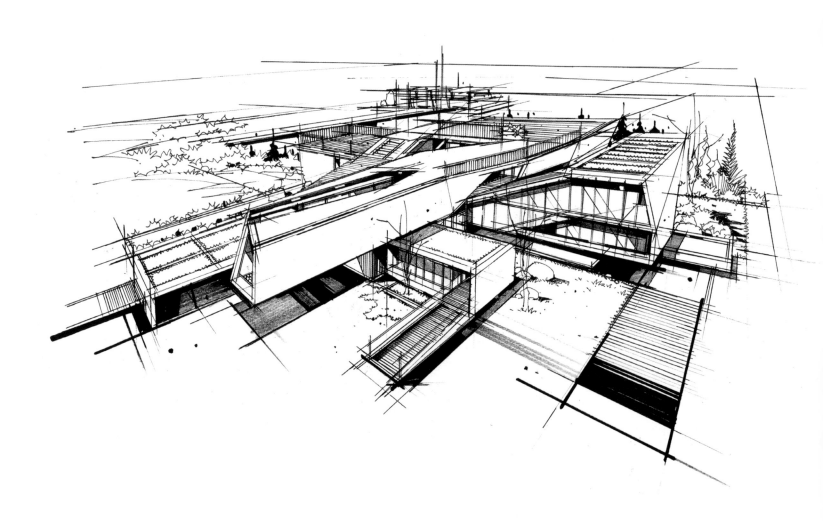

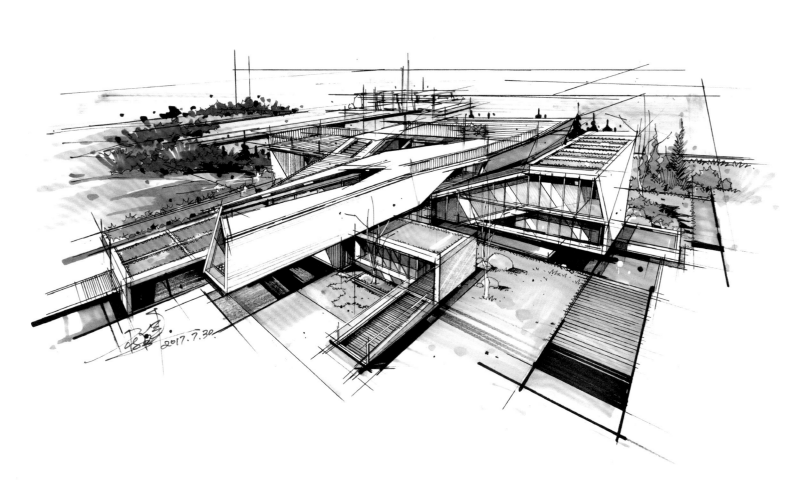

2017.7.30.

▲ 周旋 绘

▲ 周旋　绘

▲ 周旋 绘

▲ 殷艳辉　周旋　绘

▲ 殷艳辉 绘

▲ 殷艳辉 绘

▲ 王世玉　绘

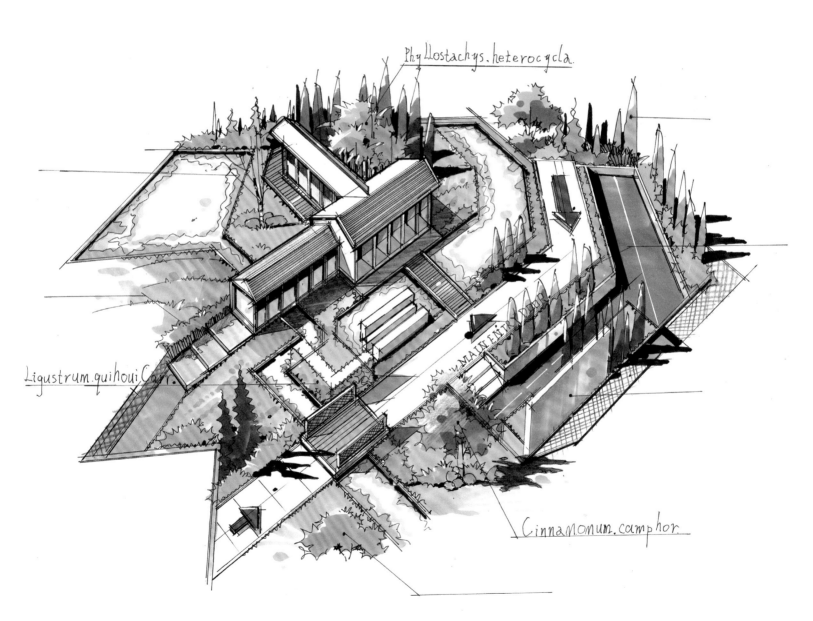

Phyllostachys. heterocycla.

Ligustrum. quihoui Carr.

MAIN ENTRANCE

Cinnamonum. camphor.

▲ 王世玉　绘

▲ 李晓萌 绘

▲ 胡霞　绘

▲ 陈欢欢 绘

▲ 向远 绘

▲ 龚美娟 绘

▲ 龚美娟　绘

▲ 龚美娟　绘

▲ 龚美娟　绘

2020. 6. 10.   大涛

▲ 何文涛　绘

2020.4.23

▲ 何文涛　绘

▲ 宾珊 绘

▲ 宾珊 绘

▲ 宾珊 绘

方案、快题作品

青岑可尘

平面图 1:500

N

设计说明

植物配置表

技术经济指标
总面积	1.85公顷
绿地率	31.2%
建筑率	68.75%

鸟瞰图

视线分析　交通分析　功能分析

A-A 剖面图 1:200

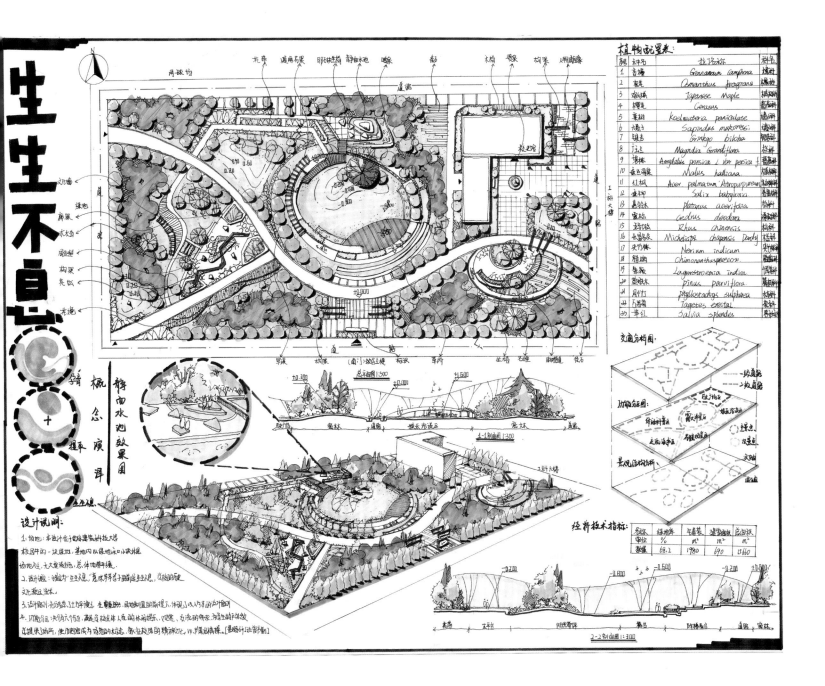

生生不息

植物配置表

序号	乔木名	拉丁名木	科名
1	香樟	Cinnamomum camphora	樟科
2	桂花	Osmanthus fragrans	木犀科
3	鸡爪槭	Japanese Maple	槭树科
4	樱花	Cerasus	蔷薇科
5	栾树	Koelreuteria paniculata	无患子科
6	无患子	Sapindus mukorossi	无患子科
7	银杏	Ginkgo biloba	银杏科
8	广玉兰	Magnolia Grandiflora	木兰科
9	碧桃	Amygdalus persica L. var. persica f.	蔷薇科
10	垂丝海棠	Malus halliana	蔷薇科
11	红枫	Acer palmatum 'Atropurpureum'	槭树科
12	垂柳	Salix babylonica	杨柳科
13	悬铃木	Platanus acerifolia	悬铃木科
14	雪松	Cedrus deodara	松科
15	盐肤木	Rhus chinensis	漆树科
16	乐昌含笑	Michelia chapensis Dandy	木兰科
17	夹竹桃	Nerium indicum	夹竹桃科
18	腊梅	Chimonanthus praecox	腊梅科
19	紫薇	Lagerstroemia indica	千屈菜科
20	五针松	Pinus parviflora	松科
21	刚竹	Phyllostachys sulphurea	禾本科
22	万寿菊	Tagetes erecta	菊科
23	一串红	Salvia splendens	唇形科

概念演绎

孕育 + 提取 = 生生息

静面水池效果图

总平面图 1:300

1-1剖面图 1:300

2-2剖面图 1:300

交通分析图：
一级道路
二级道路

功能分区图：

景观结构分析

经济技术指标
名称	绿地率	车载量	建筑面积	总面积
单位	%	个	m²	m²
数量	68.2	1980	690	13660

设计说明：

1. 场地：本场地位于西绿建筑科技大楼
校园中的一块绿地，基地内从园地承小块休闲地，
场地硬庭，无大型建构，总体地势平缓。

2. 设计理念：主题应为"生生不息"，寓味着学校的蒸蒸日上生生息，及校园的历史
文化底蕴流林。

3. 设计原则：环境绿化，以土方平缓法，左重整体美，局部制造有趣味入，从体现人本理念为出发点的设计理
理念。

4. 功能分区：共四大个分区，满足校在在人员的休闲娱乐、观览、交流的需求，为学生提供高效
益提供场所，使校园院成为场地的标志，彰显校园的精神文化，以浓园总结绿。[景观行)法写解析]

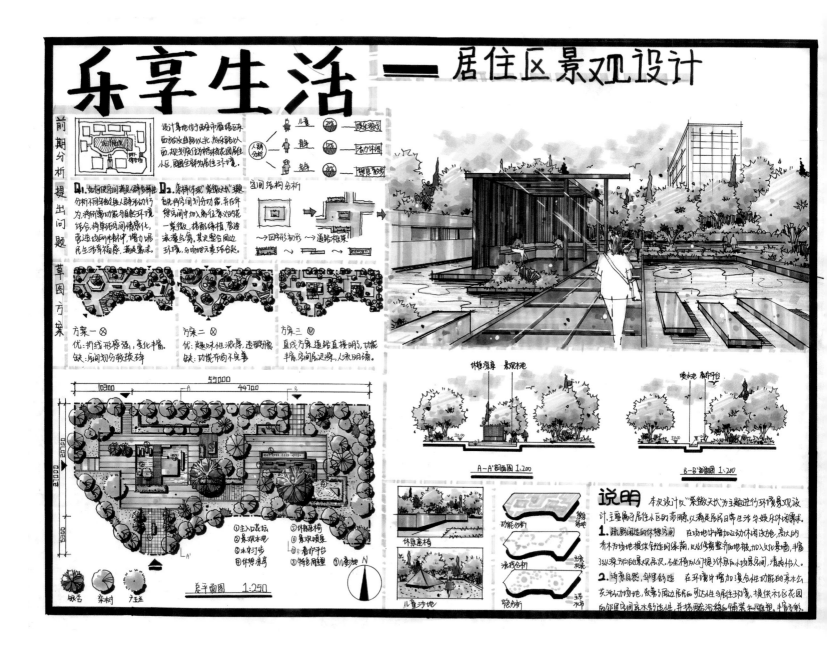

乐享生活 — 居住区景观设计

居平面图 1:250

A~A'剖面图 1:200   B-B'剖面图 1:200

别有洞天

_____ 某长江流域城市街头绿地

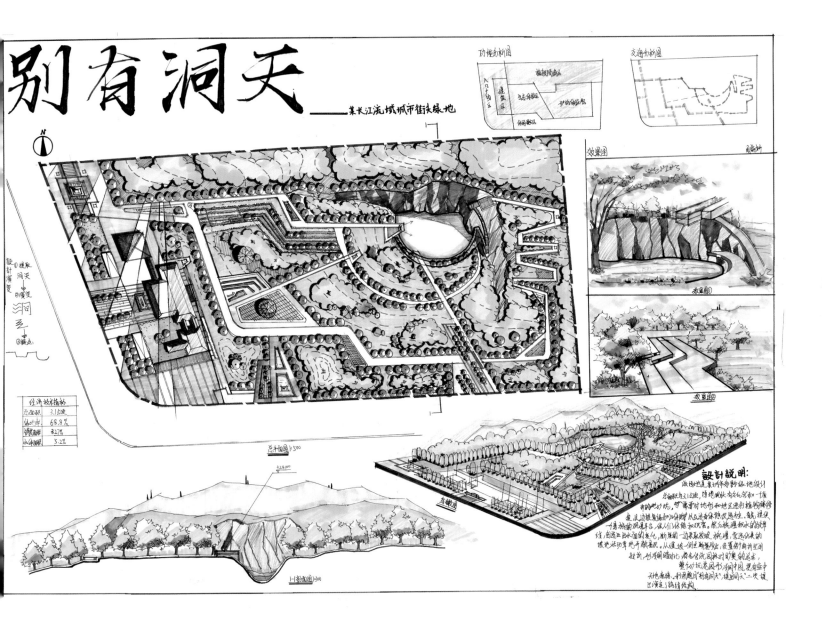

功能分析图

交通分析图

效果图

鸟瞰图

总平面图 1:500

1-1剖面图 1:200

設計說明：

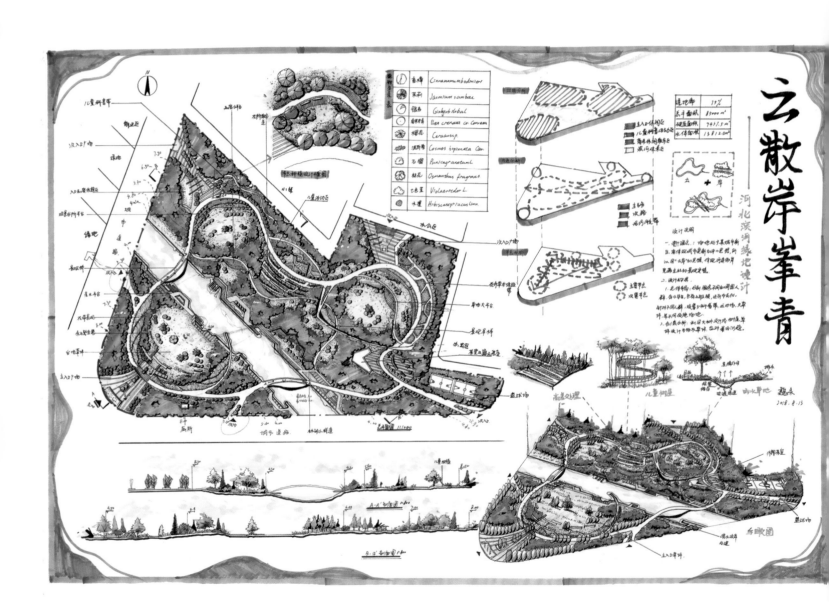

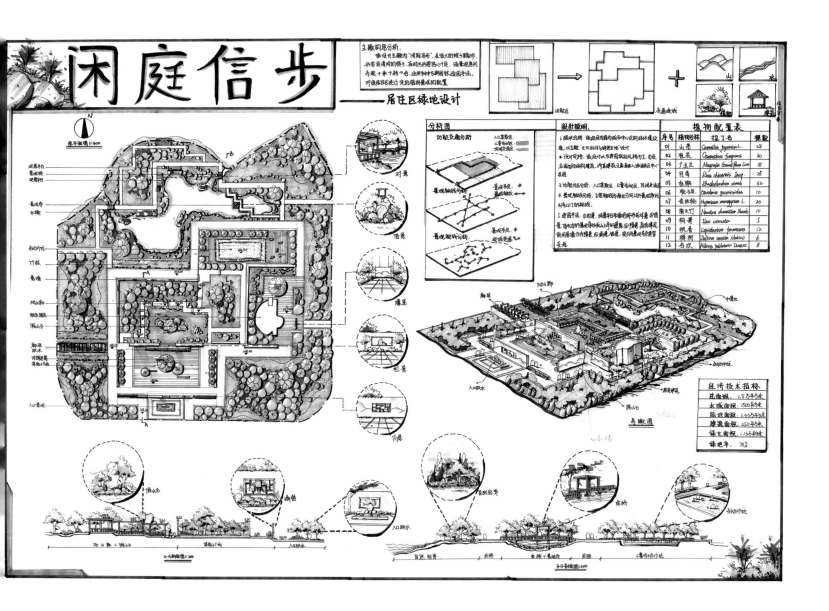

闲庭信步

—— 居住区绿地设计

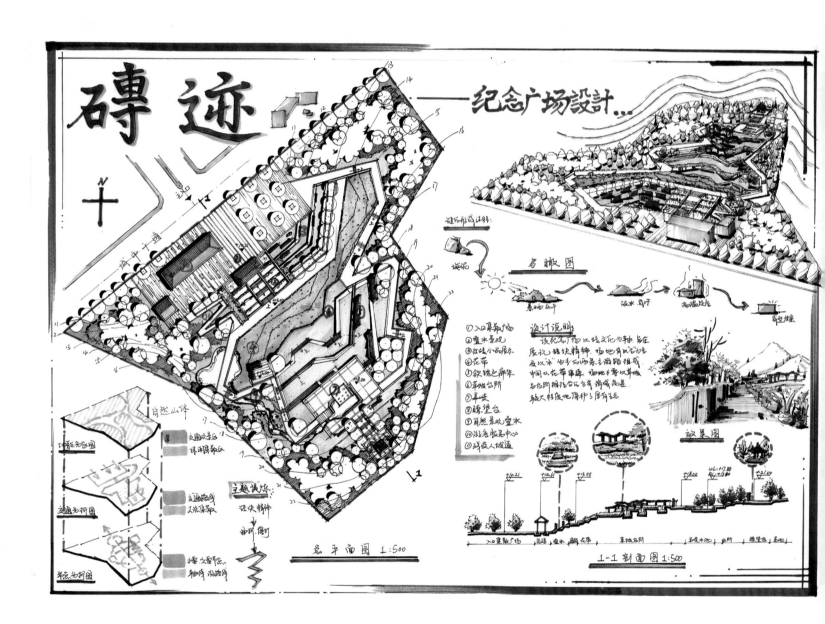

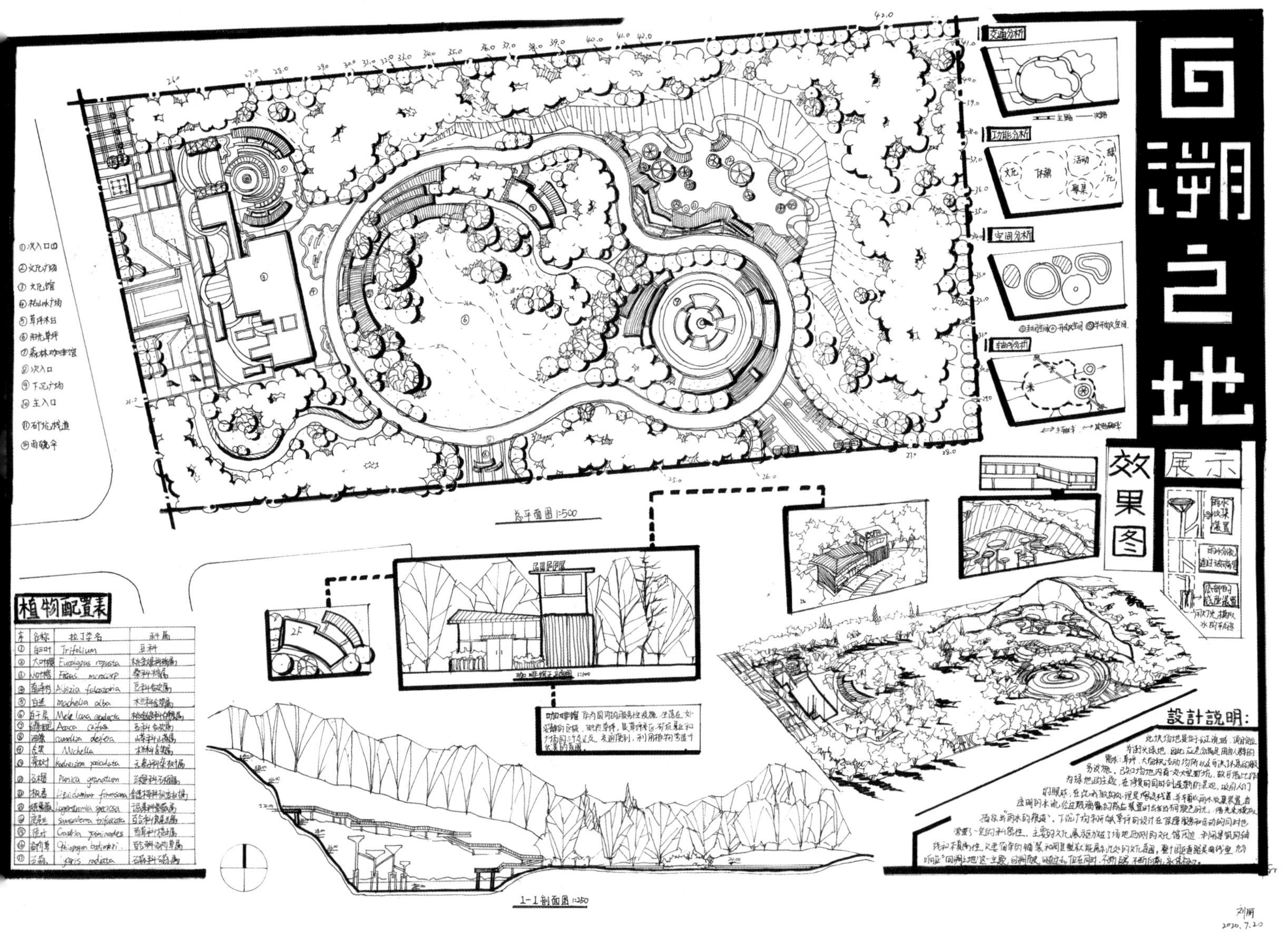
回湖之地
交通分析
功能分析
空间分析
效果图
展示
①次入口
②文化广场
③文化馆
④枯山水广场
⑤草坪木台
⑥阳光草坪
⑦森林咖啡馆
⑧次入口
⑨下沉广场
⑩主入口
⑪矿坑栈道
总平面图 1:500
植物配置表
序 名称 拉丁学名 科属
Trifolium
Punica granatum
Liquidambar formosana
Lagerstroemia speciosa
COFFEE
2F
1-1剖面图 1:250
設計說明:
刘雨
2020.7.20

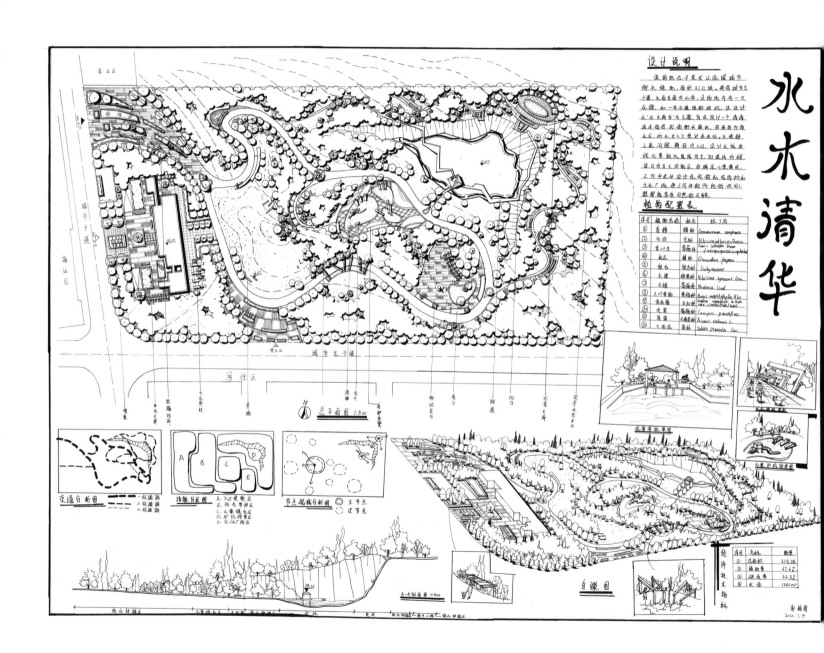

水水清华

设计说明

植物配置表

交通分析图

功能分区图

节点视线分析图

A-A'剖面图 1:400

鸟瞰图

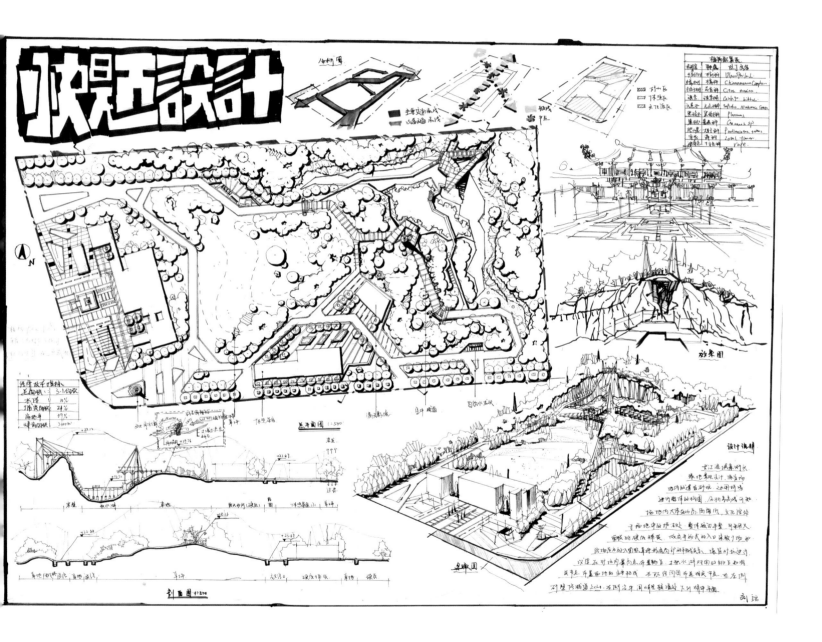

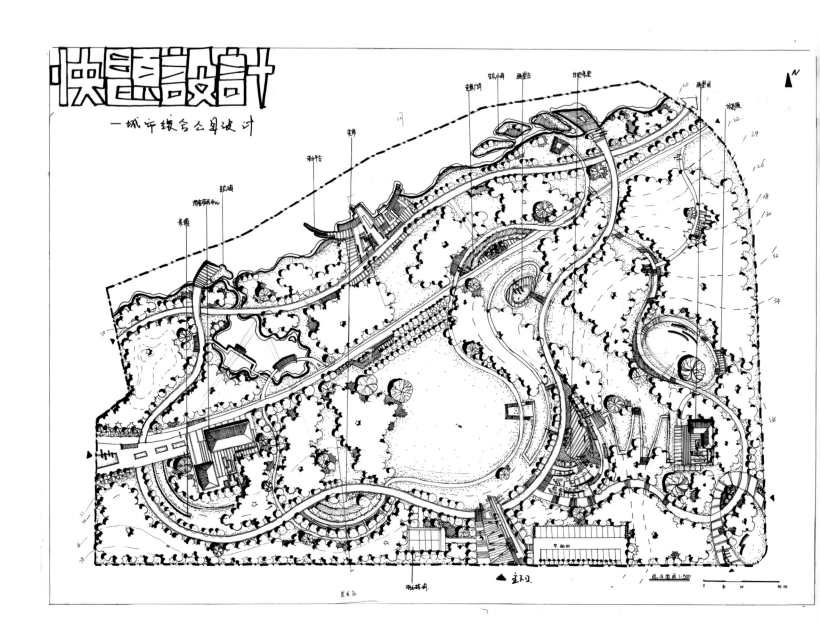

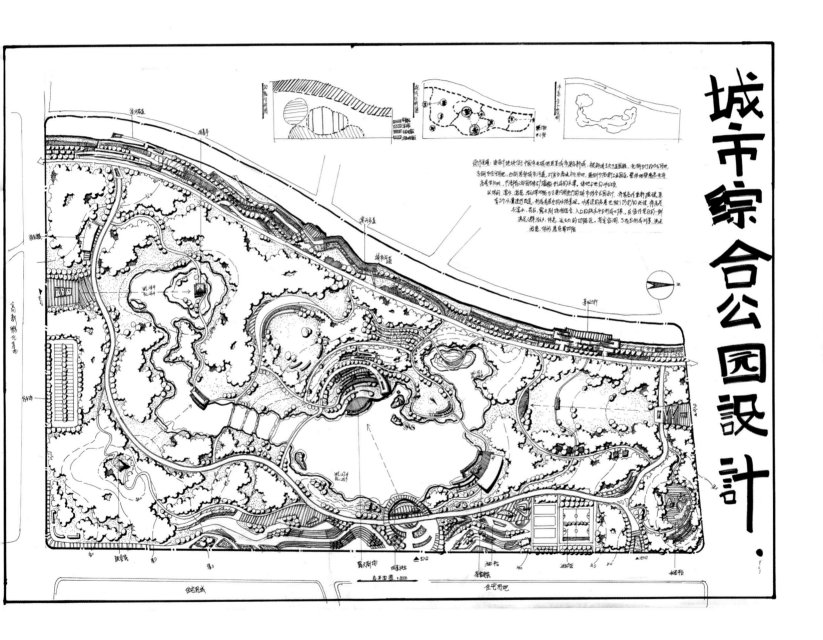

城市综合公园设计.

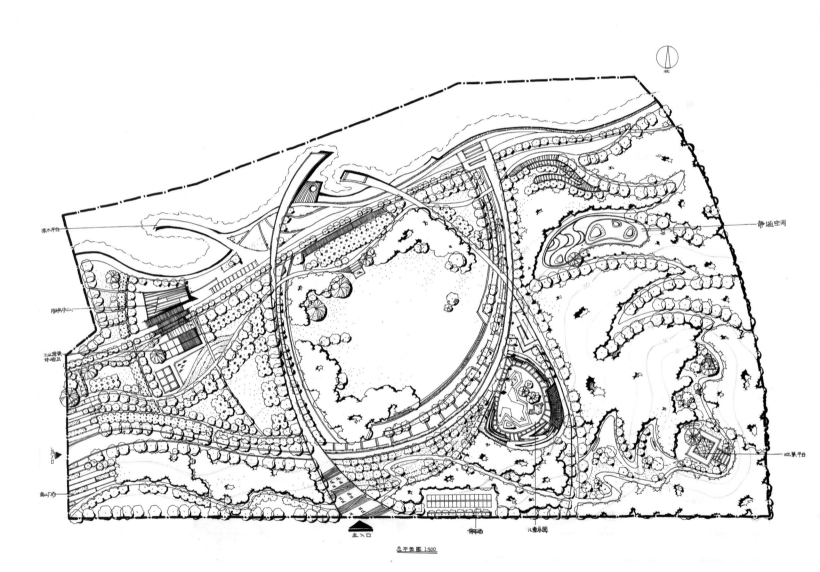

总平面图 1:500

流光疏影

植物配置表

序号	植物名称
1	香樟
2	铁树
3	香樟
4	灌木
5	玉兰
6	竹

设计说明

图书在版编目(CIP)数据

30天必会景观手绘快速表现 / 杜健,吕律谱编著. – 2版. – 武汉:华中科技大学出版社,2021.6
(2022.9重印) (卓越手绘)
ISBN 978-7-5680-6967-0

Ⅰ.①3… Ⅱ.① 杜… ② 吕… Ⅲ.① 景观－园林设计－绘画技法 Ⅳ.① TU986.2

中国版本图书馆CIP数据核字(2021)第068255号

30天必会景观手绘快速表现(第2版)   杜 健   吕律谱 编著
30 TIAN BIHUI JINGGUAN SHOUHUI KUAISU BIAOXIAN

出版发行:华中科技大学出版社(中国·武汉)	电话: (027)81321913	
武汉市东湖新技术开发区华工科技园	邮编: 430223	
出 版 人:阮海洪		

策划编辑:杨 靓	责任监印:朱 玢
责任编辑:彭霞霞	装帧设计:张 靖

印　　刷:武汉精一佳印刷有限公司
开　　本:787 mm×1092 mm　1/12
印　　张:18
字　　数:130千字
版　　次:2022年9月第2版第2次印刷
定　　价:79.80元